1, 2_화성에서 보이는 석양은 파랗다. 푸른 해가 지고 난 후에 서쪽 하늘에서 반짝이는 파란 이등성이 지구다. ©NASA/JPL-Caltech/MSSS/Texas A&M Univ

3_고흐의 그림 <별이 빛나는 밤>처럼 보이는 목성의 소용돌이. ©NASA/JPL-Caltech

4_토성의 위성 엔켈라두스에서 뿜어져 나오는 수증기. 이 얼음으로 뒤덮인 세계의 지하에는 액체 상태인 물로 가득한 바다가 있다. 나사의 외계 생명체 탐사 대상 중 하나다. ©NASA/JPL-Caltech

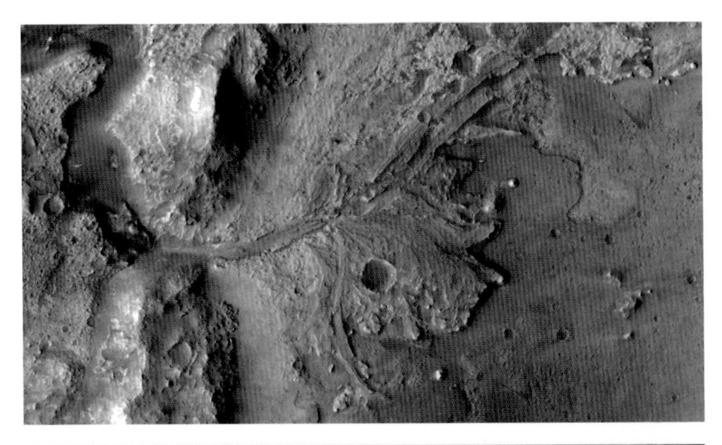

위_화성에 있는 예제로 크레이터는 한때 호수였다. 강 두 개가 흘러들어 와 생긴, 하구의 삼각주가 아직 남아 있다. 2020년에 발사 예정인 나사의 화성탐사 로봇이 착륙할 후보지 중 하나다. 이곳에 화성 생명체의 증거가 남아 있을까? (사진 속 색깔은 암석의 조성을 나타낸다.) NASA/JPL-Caltech/JHU APL/MSSS/Brown University

아래_토성에서 바라본 지구. ©NASA/JPL-Caltech

호모 아스트로룸

오노 마사히로 지음
이인호 옮김

호모 아스트로룸

인류가 여행한 1천억분의 8

arte

일러두기

'world'라는 영어 단어에는 '세계'뿐만 아니라 '행성', '위성'이라는 뜻도 있다. 이를테면 유명한 과학소설 『우주 전쟁』의 원제는 "The War of the Worlds"인데, 이는 지구와 화성이라는 두 행성 간의 전쟁이라는 뜻이다. 한편 'star'는 항성, 즉 태양처럼 스스로 빛나는 별을 가리키는 말이므로 행성과 위성은 해당하지 않는다.

그런데 'world'라는 단어에서는 사전적인 의미 이상의 무언가가 느껴진다. 내가 'world'라는 말을 들었을 때 떠오르는 것은 지구처럼 하늘이 있고, 땅이 있고, 산이 있고, 해가 뜨고 지는 '세계'다. 달에도, 화성에도, 목성의 위성인 유로파Europa에도 각각 '세계'가 펼쳐져 있다. 이러한 '세계'에는 무엇이 있을까? 무엇이 있는 것일까? 'world'라는 단어에는 이런 상상력을 자극하는 무언가가 있다.

이 책은 지구 밖에 있는 'world'를 향한 여정을 다룬 책이지만, 여기에 딱 맞는 우리말 표현을 찾을 수 없었다. 그래서 이 책에서는 편의상 'world'를 '세계'라고 부르겠다.

한국어판 서문

저는 일본에서 태어나 30여개 나라를 여행했고, 지금은 미국으로 이주해 NASA 제트추진연구소에서 우주탐사 업무를 맡고 있습니다. 실은 제가 여행했던 첫 번째 나라가 한국입니다. 대학교 1학년이 된 제가 처음으로 친구와 해외를 여행한 것이 2002년 3월이었고, 그 여행지가 한국이었습니다. 한일월드컵이 열린 그해에는 두 나라 사이에 우호적인 분위기가 넘쳤습니다. 역사 명소에 방문했을 때 느낀 아름다움과, 한국 요리의 맛, 그리고 무엇보다도 여행지에서 만난 분들의 친절함이 가슴에 남았습니다. 스마트폰도 없던 당시에 무계획으로 배낭여행을 했던 저는 번번이 길을 잃고 헤맸지만, 그때마다 많은 분이 친절하게 도와주셨습니다. 그 즐거운 경험 덕분에 여행을 무척 좋아하게 되었고, 그 덕분에 세계 곳곳 많은 나라로 배낭여행을 떠나고, 지금은 외국에서 살고 있는 게 아닐까 합니다.

우주탐사는 여행과 닮았습니다. 화성탐사를 생각해볼까요? 이 책 3장에도 나오지만, 1964년에 처음으로 탐사 기기가 화성을 찾기 전까지, 인류는 화성에 대해 거의 아무것도 알지 못했습니다. 화성에 생명이 있다고 상상했던 과학자도 많았고, 화성에 펼쳐진 우거진 초목을 상상했던 사람도 있습니다. 하지만 일단 궤도선이나 탐사차가 화성에 도착해서 사진을 찍어 보내고 나면, 그곳에서 우리는 눈과 마음을 사로잡을 아름다운 풍경과 새로운 지식을 많이 만나게 됩니다. 하지만 동시에 새로운 수수께끼도 많이 만나게 되겠지요. 이런 것들이 인류를 다시 다음 여행으로 이끌게 됩니다.

지구에 태어난 인류가 직접 가 본 곳은 아직까지 지구 바로 옆, 달뿐입니다. 무인탐사선 역시 아직까지는 태양계 바깥에 있는 세계까지 가 보지는 못했습니다. 인류는 정확히, 처음 한국을 여행을 했던 때의 저와 같은 상태입니다. 아주 가까이에 있는 곳부터 여행을 시작한 셈이지요. 지금부터 분명, 더욱 멀리 있는 다양한 세계에 다다르게 되고, 결국은 다른 세계로 이주하게 될지도 모릅니다. 인류 문명은 아직 어리고, 지금까지보다도 앞으로 남은 여정이 훨씬 길 겁니다. 이 여정 중에, 지구 밖 생명이나 지구 밖 문명과의 만남도 기다리고 있겠지요. 이것이 이 책의 주제입니다. 제 한국 여행 경험처럼, 아주 멋진 만남이 될 거라고 확신합니다. 일본어로 쓰인 이 책이 한국어판으로 외국에서 처음 출판됩니다. 이 책으로서는 이것이 앞으로 펼쳐질 매우 긴 '여행'의 출발점이 되리라고 생각합니다.

2019년 3월 6일

캘리포니아주 패서디나에서

오노 마사히로

머리말

상상해 보자. 머나먼 '세계'를.

상상해 보자. 당신은 화성의 붉은 대지를 딛고 서서, 파란 석양이 지는 모습을 바라본다.

상상해 보자. 당신은 우주선 창문에서 고흐Vincent Willem van Gogh의 〈별이 빛나는 밤〉과 닮은 목성의 소용돌이를 내려다본다.

상상해 보자. 당신은 토성의 위성 타이탄Titan의 호숫가에 서 있다. 주황색 구름에서 차가운 메테인비가 내려 호수에 파문을 일으킨다.

지금 당신의 마음속 깊은 곳에서 '무언가'가 전율하지는 않았는가? '무언가'가 속삭이는 소리가 들리지는 않았는가? 단어로 떠오르기는커녕 미처 의식하지도 못한 '무언가' 말이다.

이 '무언가'의 역사는 아주 길다. 스푸트니크Sputnik보다도, 코페르니쿠스Nicolaus Copernicus보다도, 호메로스Homeros보다도, 스톤헨지보다도 오래됐다. 강과 숲과 산보다도 오래됐을지도 모른다.

이것은 기생충처럼 사람 사이에서 전염된다. 인류의 집단 무의식에 숨어들어 사람의 꿈을, 호기심을, 욕망을 보이지 않는 실로 조종하고, 인류의 역사와 운명, 미래에 바꾸어 놓는다.

이건 대체 뭘까?

이 '무언가'가 바로 이 책의 주제다. 이 책은 우주탐사에 관한 책이다. 하지만 주인공은 우주 비행사가 아니다. 정치가나 기업가도 아니다. 이 '무언가'에 사로잡힌 기술자, 과학자, 소설가, 그리고 이름 없는 대중이 바로 주인공이다. 인류의 옛 여정을 되돌아보고 앞으로 나아갈 길을 예상하면서, 이 '무언가'가 대체 무엇이고 인류를 어디로 인도할지 생각해 보자.

이 책은 모두 다섯 개 장으로 구성되어 있다.

제1장은 여행을 시작할 때의 이야기로, 인류가 어떤 식으로

중력을 극복하고 우주로 날아올랐는지 살펴본다. 천재 기술자 두 명이 주인공인데, 이 둘은 젊었을 때 그 '무언가'에 사로잡혀 '악마'에게 영혼을 팔아 꿈을 이루었다. 그리고 그 결과로 인류에게 비극과 발전을 가져다줬다. 이 두 사람의 영광과 어둠이 이 장의 이야깃거리다.

제2장은 아폴로계획에 관한 이야기인데, TV에 자주 나오는 내용과는 다를지도 모른다. 왜냐면 여기서는 우주 비행사와 케네디 대통령이 주인공이 아니라 조연이기 때문이다. 그 대신 권위와 상식에 맞선 기술자 두 사람이 주인공이다. 그다지 유명하지는 않지만 보이지 않는 곳에서 아폴로계획을 성공으로 이끈 이들이다.

제3장은 태양계 탐사에 관한 이야기다. 태양계 끄트머리까지 날아간 무인 탐사선은 여러 가지 놀라운 발견을 해냈다. 화성은 과거에 물로 가득한 행성이었고, 목성의 위성 이오[10]에서는 화산 수백 개가 항상 연기를 내뿜고 있었다. 목성의 위성 유로파와 토성의 위성 엔켈라두스Enceladus의 얼음층 아래에는 액체 상태로 존재하는 물로 가득 찬 바다가 있었다. 이러한 발견의 뒤에는 그 '무언가'에 사로잡혀 워싱턴에 반기를 든 반항적인 기술자와 과

학자가 있었다.

제4장은 외계 생명체 탐사에 관한 이야기다. "우리는 누구인가?", "우리는 어디에서 왔는가?", "우리는 고독한가?" 같은 질문에 답하기 위해 우리는 우주에서 생명을 찾는다. 외계 생명체 탐사는 현재 나사의 중요한 목표 중 하나이며, 나 역시 이 사업에 참여하고 있다. 이후 10년에서 20년 사이에 인류는 최초로 외계 생명체와 '조우'할지도 모른다. 여기서는 이런 탐사의 최전선에 대한 이야기를 담았다.

제5장은 외계 지적 생명체 탐사에 관한 이야기다. 외계인은 존재할까? 나는 없을 리가 없다고 생각한다. 그럼 어디에 있을까? 어떻게 찾아야 할까? 어째서 외계인은 아직 인류를 만나려고 하지 않은 것일까? 외계인과의 만남은 인류를 어떻게 바꾸어 놓을까? 외계 행성 탐사에 관한 이야기로 시작해서 상상의 배는 향후 1000년, 1만 년, 그리고 그 너머의 미래까지 항해를 이어 간다.

어째서 나는 이 책을 썼을까? 다른 과학자들에게도 깃들었던 그 '무언가'가 쓰라고 명령했기 때문이다. '무언가'는 내가 일곱 살 때 내 마음속 깊이 파고들었다. 그 후로 나는 이 '무언가'의 충실한 종이 되었다. '무언가'는 더 많은 사람의 마음속에 파고들기를 원한다. 이 책은 당신의 마음속에도 이 '무언가'를 들여보내기 위한 책이다.

이 책에 등장한 미국 장소

※ 로켓과 우주 탐사선을 생산하거나 발사한 곳이 아니라, 개발한 곳을 표시했다.
제조 장소나 발사 장소가 아니다.

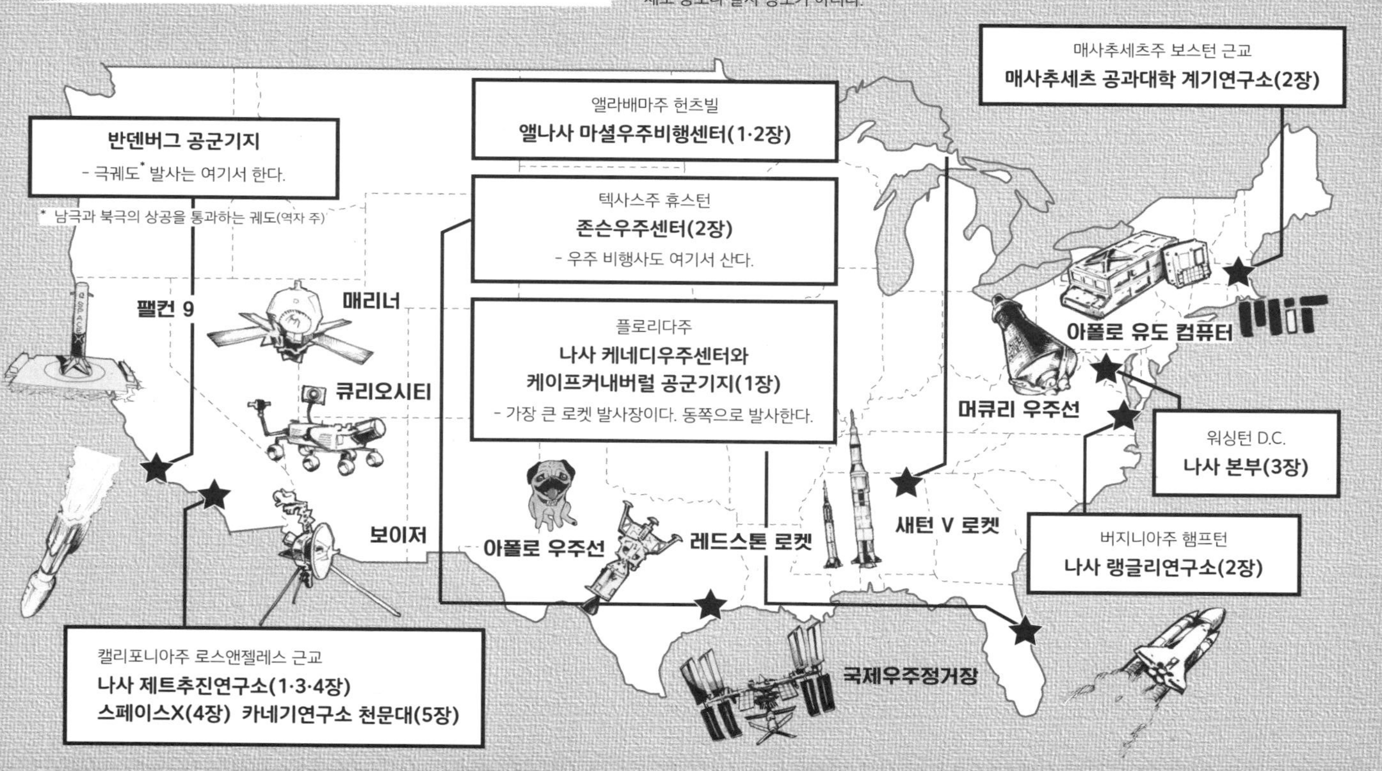

이 책에 등장하는 세계와

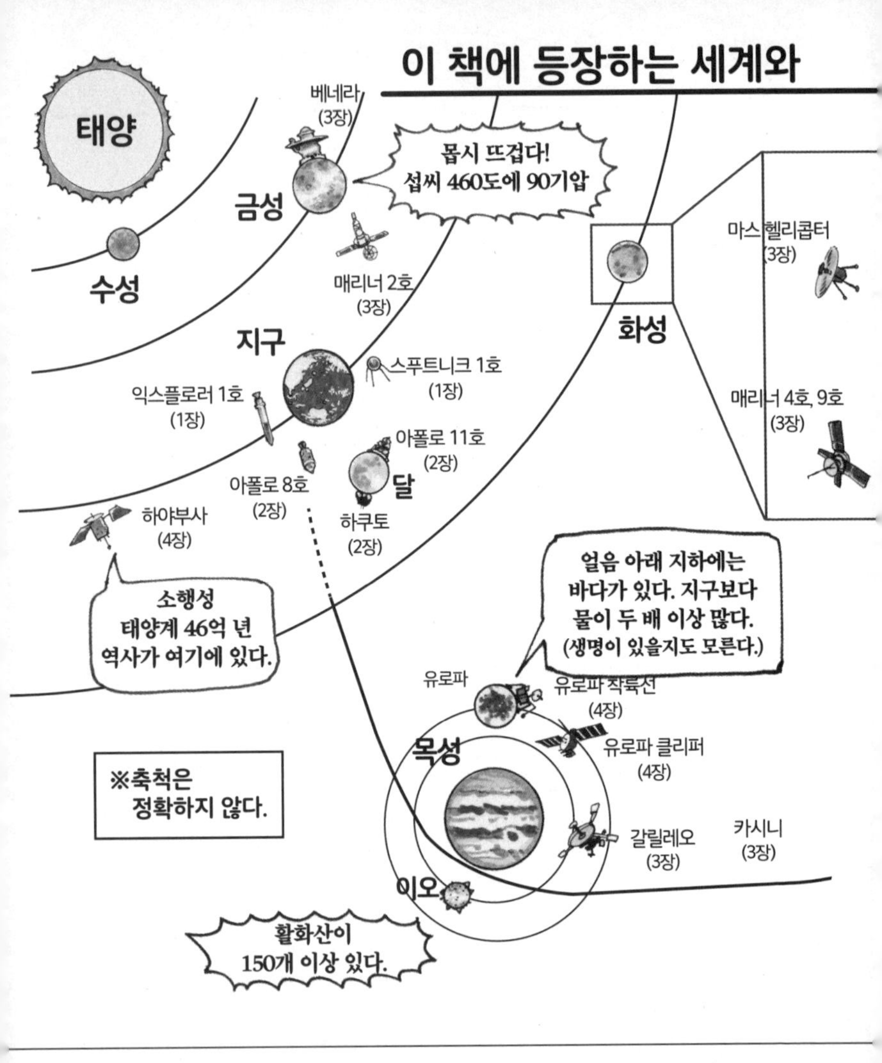

이 책의 주요 등장인물

쥘 베른 (1장) | 폰 브라운[1] (1장) | 코롤료프 (1장) | 히틀러 (1장) | 존 후볼트[2] (2장) | 마거릿 해밀턴[3] (2장) | 칼 세이건[4] (3장) | 제프리 마시[5] (5장)

우주 탐사선

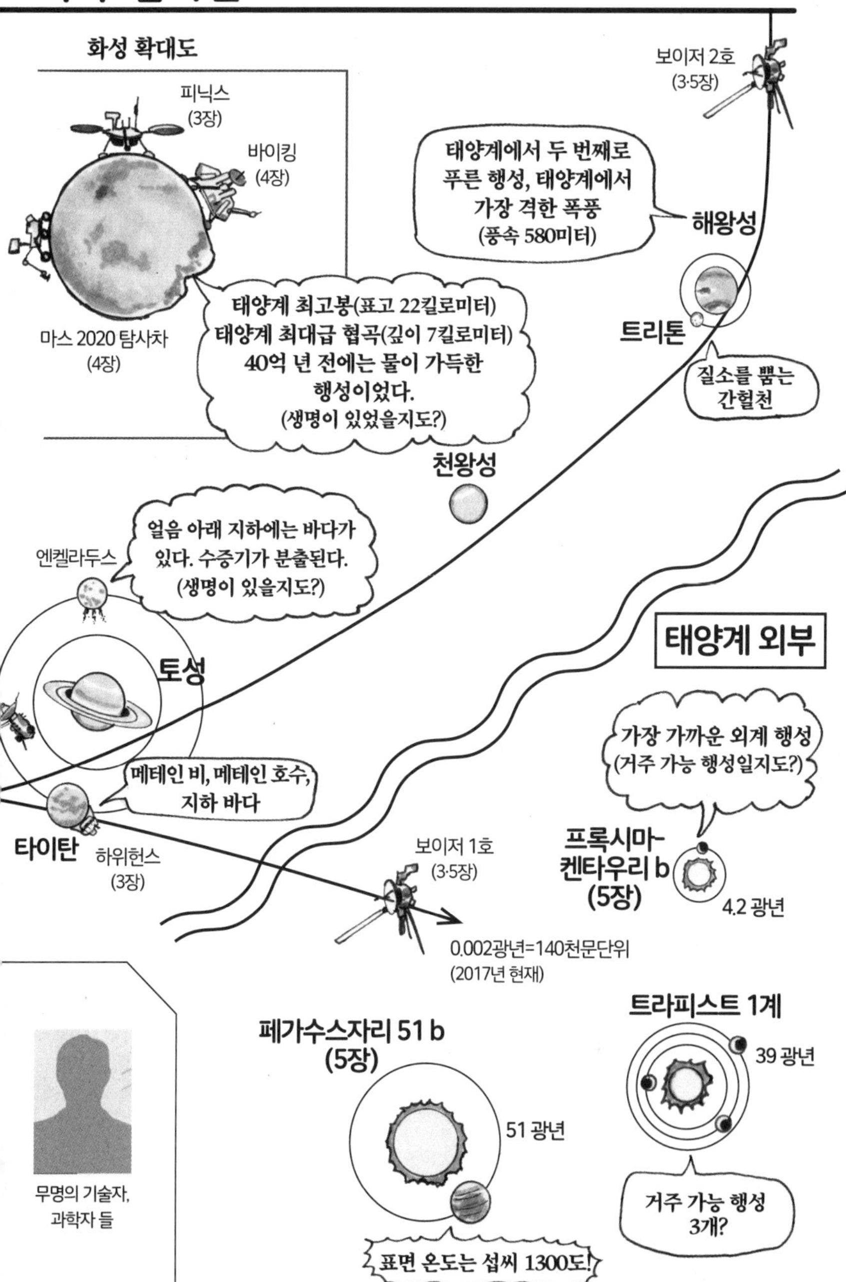

화성 확대도
피닉스
(3장)
바이킹
(4장)
마스 2020 탐사차
(4장)
태양계 최고봉(표고 22킬로미터)
태양계 최대급 협곡(깊이 7킬로미터)
40억 년 전에는 물이 가득한
행성이었다.
(생명이 있었을지도?)
보이저 2호
(3·5장)
태양계에서 두 번째로
푸른 행성, 태양계에서
가장 격한 폭풍
(풍속 580미터)
해왕성
트리톤
질소를 뿜는
간헐천
천왕성
엔켈라두스
얼음 아래 지하에는 바다가
있다. 수증기가 분출된다.
(생명이 있을지도?)
토성
태양계 외부
메테인 비, 메테인 호수,
지하 바다
타이탄
하위헌스
(3장)
보이저 1호
(3·5장)
0.002광년=140천문단위
(2017년 현재)
가장 가까운 외계 행성
(거주 가능 행성일지도?)
프록시마
켄타우리 b
(5장)
4.2 광년
트라피스트 1계
39 광년
거주 가능 행성
3개?
페가수스자리 51 b
(5장)
51 광년
표면 온도는 섭씨 1300도!
무명의 기술자,
과학자 들

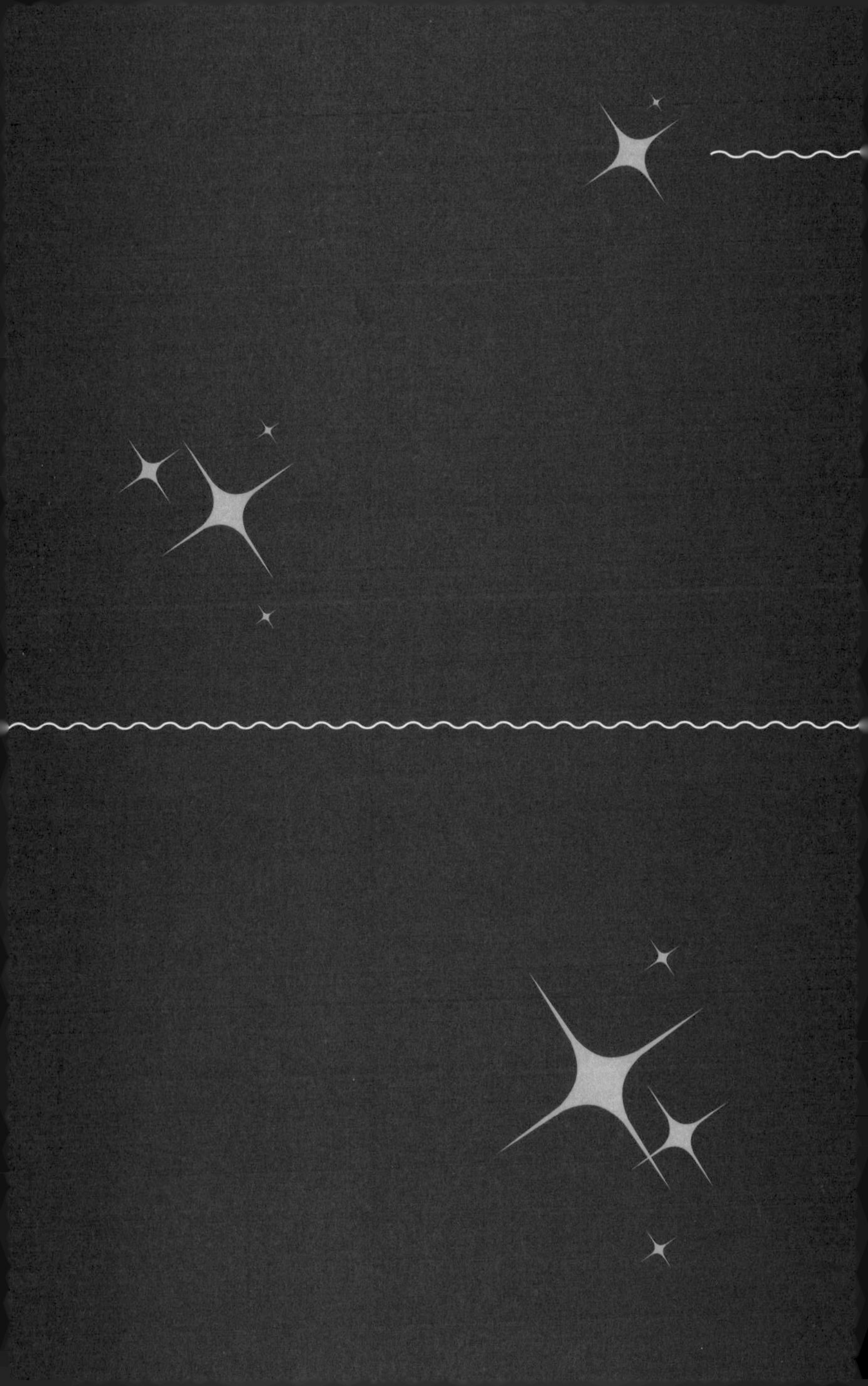

CONTENTS

지구에 '무언가'가 싹트다

작은 한 걸음

우리가 아는 우주

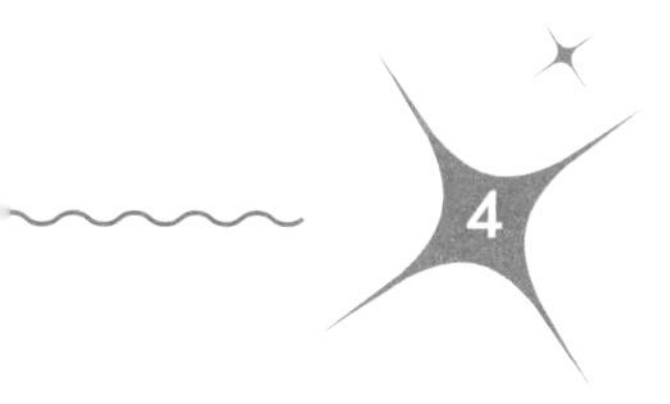

우리는 고독한가?

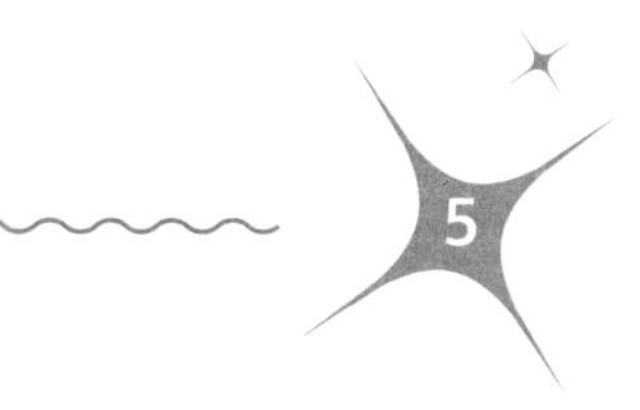

호모 아스트로룸

신창세기

창세기에는 신이 일주일 동안 세상을 창조했다고 쓰여 있다.
그러면 138억 년에 걸친 우주 역사를 일주일로 정리해 보자.

월요일 오전 0시(138억 년 전) 우주 탄생.

월요일 오전 5시(134억 년 전) 최초의 별 탄생.

금요일 오후 4시(46억 년 전) 태양계와 지구 탄생.

금요일 오후 6시~10시(44~41억 년 전) 바다 탄생.

금요일 오후 11시(약 40억 년 전?) 생명 탄생.

일요일 오전 9시 15분(2억 2500만 년 전) 포유류 탄생.

일요일 오후 11시 59분 49초(25만 년 전) 호모사피엔스 탄생.

일요일 오후 11시 59분 59.6초(1만 년 전) 문명 탄생.

일요일 오후 11시 59분 59.995초(1894년) 첫 전파 통신.

일요일 오후 11시 59분 59.9974초(1957년)
첫 인공위성(스푸트니크 1호) 발사.

일요일 오후 11시 59분 59.9979초(1969년)
인류가 처음으로 지구 외의 '세계'에 도달(아폴로 11호).

일요일 오후 11시 59분 59.9998초(2012년 8월 25일)
인공물이 태양계 밖에 처음 도달(보이저 1호).

참고로 인간의 일생 80년은 0.0035초다.

프롤로그

2008년 4월 3일, 지상에서 약 400킬로미터 위에 있는 국제우주정거장에 우주선 한 척이 접근하고 있었다.

우주선의 이름은 '쥘 베른Jules Verne'호다. 유럽우주국European Space Agency, ESA이 개발한 최초의 무인 우주 화물선인 ATVAutomated Transfer Vehicle로, '공상과학소설의 아버지'라고 불리는 19세기 작가 쥘 베른의 이름에서 따왔다. ATV란 일본에서 만든 우주 정거장 보급기H-II Transfer Vehicle, HTV '고노토리こうのとり'와 같은 것으로, 우주정거장에 식량, 물, 실험 장비 등을 운반하는 무인 보급선이다.

"텔레메트리 이상 없음. 접촉 대기."

관제관이 담담한 태도로 주문 같은 기술 용어를 늘어놓는 사이, 쥘 베른호는 천천히 도킹 포트에 접근했다. 도킹은 자동으로 이루어지며, 우주 비행사는 이상이 있을 때 긴급 정지 버튼을 누르기만 하면 된다.

"스텝 16…… 스텝 17, 도킹."

우주정거장에 약한 진동이 전해졌다. 도킹에 성공한 것이다. 지상의 관제실에서는 박수가 쏟아졌고, 우주 비행사들의 입안에는 군침이 돌았다. 오랜만에 신선한 먹을거리를 즐길 수 있기 때문이다. 예전 아폴로 시절에 보급됐던 튜브에서 짜내는 치약 같은 식량에 비하면 요즘 우주식은 많이 나아졌다.(예를 들어 일본에서는 '우주 라멘'을 개발했다). 하지만 생채소와 과일은 보급선이 왔을 때만 먹을 수 있다.

어서 사과를 베어 먹고 싶다는 충동을 억누르며, 우주 비행사는 해치를 열고 쥘 베른호에 실린 화물을 옮기기 시작했다. 보급선에는 식료품, 의류, 실험 기구뿐만 아니라 '기념품'도 실려 있었다.

기념품이란 바로 비닐로 포장된 낡은 책이었다. 소설 두 편이 수록된 두꺼운 합본으로, 표지에는 황금색 지구가 사슬에 매달려 있는 화려한 그림이 인쇄되어 있었다. 그리고 그 위에는 빨간 바탕에 고풍스러운 서체로 프랑스어 제목이 쓰여 있었다.

De la Terre à la Lune
Autour de la Lune

우리말 제목은 『지구에서 달까지』와 『달나라 탐험』으로, 각각 1865년과 1870년에 출판된 '과학소설의 아버지' 쥘 베른의 작품이다.

인쇄된 지 100년이 넘은 이 낡은 종이 다발에는, 그 '무언가'가 깃들어 있었다.

지구에 '무언가'가 싹트다

Imagination is more important than knowledge.

상상력은 지식보다 중요하다.

- 알베르트 아인슈타인 Albert Einstein

1840년, 열두 살짜리 소년이 프랑스 서부 생나제르 해변에 서서 대서양을 바라보고 있었다. 어디까지 이어지는지 알 수 없는 남빛 바다와, 햇빛을 반사해 별처럼 반짝이는 잔물결……. 소년은 처음으로 바다를 보았다. 강 상류에 있는 낭트라는 항구도시에서 자라면서 매일 정박한 배에 배어든 바다 냄새를 맡고 선원들의 모험담을 듣기는 했지만, 눈으로 직접 바다를 본 적은 없었다. 소년은 바다를 동경하고 바다를 꿈꿨다. 그토록 동경하던 바다가 지금 눈앞에 펼쳐져 있었다. 파도가 발끝에 닿았고, 무심코 바닷물을 손에 담아 마셨다. 바다는 소년의 상상력이 밀려오는 곳이기도 했다. 끝없는 미지의 바다는 저 너머로 이어졌고, 본 적도 없는 대륙과 섬이 떠 있었다. 그곳에 무언가가 있는 걸까? 무엇이 있는 걸까? 소년의 마음은 어느새 유령처럼 일곱 바다를 넘어 머나먼 땅을 여행하고 있었다. 소년의 마음속에서는 '무언가'

가 전율하고, 꿈틀거리고, 그리고 속삭이고 있었다. '무언가'가 말이다…….

소년의 이름은 쥘 베른이다.

이 소년은 '과학소설의 아버지'가 되기까지 수많은 우여곡절을 겪었다. 아버지가 변호사였기에 스무 살 때 법학을 공부하러 파리로 떠났지만, 사실 베른은 문학에 더 관심이 있었다. 졸업 후에도 부모님에게 지원을 받으며 계속 파리에 머물렀고, 문학 살롱에 드나들며 희곡 등을 썼다. 하지만 첫 10년 동안은 아무런 성과도 내지 못했다.

시행착오 끝에 베른은 소년 시절의 상상을 돌이켜 봤다. 어린 시절 맡았던 바다 냄새, 루아르강을 오가는 배에 달린 하얀 돛, 그리고 바다 너머에 있는 미지의 세상에 관한 상상……. 그곳에는 무언가가 있을까? 무엇이 있을까?

베른이 소년 시절에 했던 상상은 마침내 『기구를 타고 5주간』이라는 소설로 세상의 빛을 보게 되었다. 이 소설은 기구를 타고 아프리카를 모험하는 이야기다. 당시에 모험 소설 자체는 아주 흔했지만, 이 소설은 주인공이 마법으로 하늘을 날거나 용을 쓰러뜨리는 것이 아니라 과학의 힘으로 역경을 헤쳐 나간다는 점이 달랐다. 깊이 있는 과학기술 묘사는 상상에 현실감을 불어넣었다. 마침 산업혁명의 영향을 받았던 당시의 프랑스 사람들은 과학소설이라는 새로운 장르에 열광했다.

이후 베른은 걸작 과학소설을 많이 썼다. 『해저 2만 리』, 『80일간의 세계 일주』 같은 제목은 분명 귀에 익을 것이다. 이 책들을 읽은 적이 없더라도 도쿄 디즈니시[1]에 가 봤다면 '센터 오브 디 어스'나 '미스테리어스 아일랜드' 등을 통해 베른의 작품 세계를 체험할 수 있었을 것이다.[2]

베른은 왜 달 여행 이야기를 쓰려고 했을까? 어디서 그런 영감을 얻었을까? 나도 조사해 봤지만 정확한 기록은 찾지 못했다. 카미유 플라마리옹Camille Flammarion이 쓴 책을 읽고 천문학 지식을 익혔다는 사실을 베른이 직접 밝히기는 했지만, 이 천문학자의 책이 베른이 달 여행에 대한 책을 쓴 계기가 되었는지는 알 수

1 도쿄 디즈니시는 일본 도쿄 근교에 위치한 지바현 우라야스시에 있는, 바다를 주제로 한 디즈니 놀이공원이다. 도쿄 디즈니시의 '미스테리어스 아일랜드'라는 구역과 '센터 오브 디 어스'라는 놀이기구는 각각 쥘 베른의 소설 『신비의 섬』과 『지구 속 여행』을 주제로 만들어졌다.(역자 주)

2 참고로 파리 디즈니랜드에 있는 '스페이스 마운틴'은 2005년까지는 『지구에서 달까지』의 내용을 반영한 놀이기구였다.

쥘 베른

없었다. 보통은 석양을 바라본다고 해서 태양에 가고 싶다는 생각이 들지 않는 것처럼, 달을 바라봐도 그곳으로 '간다'는 발상을 하기는 쉽지 않다. 아폴로계획보다 100년이나 전에, 대체 무엇이 '달 여행'이라는 시대를 앞서간 생각을 베른에게 속삭인 것일까?

1865년에 출판된 『지구에서 달까지』는 단번에 베스트셀러가 되었으며, 세계 각국에서 번역되어 수만 부가 팔렸다.

그중 한 권은 150년 후에 국제우주정거장에 들어갔고, 한 권은 1857년에 러시아제국 모스크바 교외에서 태어나 난청을 앓던 소년, 콘스탄틴 치올콥스키Konstantin Tsiolkovsky가 가지게 되었다. 한 권은 1882년에 미합중국 매사추세츠주 우스터에서 태어나 다소 과보호 속에서 자란 로버트 고더드Robert Goddard라는 소년의 것이 되었다. 한 권은 1894년에 오스트리아-헝가리제국 독일인 가정에서 태어난 헤르만 오베르트Hermann Oberth라는 완고한 소년에게 쥐어졌다.

세 소년은 이 과학소설에 마음을 빼겼다. 그리고 쥘 베른의 마음속에서 진율하고, 꿈틀거리고, 속삭이던 '무언가'가 세 소년의 마음속 깊은 곳에 조용히 숨어들었다.

세 사람은 훗날 '로켓의 아버지'라 불리는 연구자가 된다.

로켓으로 달에 간다고?

1899년 어느 늦가을 오후, 아직 '로켓의 아버지'가 되기 전인 열일곱 살 고더드는 정원 벚나무에 올라 하늘을 올려다보고 있었다. 과학소설에 푹 빠져 있던 고더드의 눈에는 현실 속 하늘이

『지구에서 달까지』의 삽화

아닌 상상 속 우주가 보였다.

"나는 톱으로 벚나무의 죽은 가지를 잘라 내고 있었다…… 그리고 상상했다. 화성으로 가는 기계를 만들 수 있다면 얼마나 근사할까…… 나무에서 내려왔을 때, 나는 나무에 오르기 전과는 다른 소년이 되어 있었다. 왜냐면 내 존재 목적을 찾아냈기 때문이다."

화성으로 가는 기계를 만들겠다는 인생 목표를 정한 이날을 고더드는 기념일로 정해 매년 축하했다. 이 벚나무 사진을 몇 번이나 찍어서 앨범에 붙이기도 했다.

고더드는 어머니와 할머니의 과보호 때문에 고등학교에 2년이나 늦게 입학했지만, 성적은 좋았던 모양인지 졸업식에서는 학생 대표로 연설하기도 했다. 이 연설 원고가 남아 있는데, 우주 시대를 예언하는 듯한 내용이다.

"무언가를 불가능하다고 단정하는 이유는 오직 무지 때문이라는 사실을 과학은 가르쳐 주었습니다. 사람만 해도 이 사람의 한계는 무엇인지, 어디까지 손을 뻗을 수 있는지는 알 수 없습니다. 진지하게 도전해 보기 전에는 얼마나 성공할지 알 수 없습니다. 용기를 낼 수 없다면 부디 기억해 주시기 바랍니다. 어떤 과학이든 과거에는 성숙하지 못했다는 사실을요. 과학은 계속 증명해 왔습니다. 어제의 꿈이 오늘의 희망이 되며, 내일의 현실이 된다는 사실을 말입니다."

그럼 '로켓의 아버지'들은 구체적으로 어떤 업적을 이루었을까? 사실 이들이 로켓을 발명하지는 않았다. 또한, 화성에 갈 로켓을 만들기는커녕 이들이 만든 로켓은 우주에 가지도 못했다. 그럼에도 불구하고 왜 이들을 '로켓의 아버지'라고 부를까?

'로켓의 아버지'는 크게 두 가지 업적을 남겼다. 첫 번째는 바로 로켓이 우주로 가기 위한 기술이라는 사실을 깨달았다는 점이다.

독자 여러분 중에는 고개를 갸웃거리는 사람도 있을 것이다. 오늘날에는 로켓으로 우주에 간다는 것이 상식이기 때문이다. 하지만 어떠한 상식도 과거에는 상식이 아니었다. 로켓의 아버지들이 소년 시절에 푹 빠졌던 『지구에서 달까지』를 잠시 살펴보자.

이 과학소설을 한마디로 요약하면 '대포를 이용해 사람이 달로 모험을 떠나는 이야기'다. 미국 플로리다주에 길이가 270미터나 되는 거대한 대포를 설치해서, 남자 셋과 개 두 마리를 포탄에 태워 달로 쏘아 보낸다. 포탄은 달 주위를 빙 돈 다음 수많은 위기를 넘긴 끝에 지구로 귀환해 무사히 태평양에 떨어진다.

왜 로켓이 아니라 대포였을까?[3]

사실 베른이 살던 시대에도 로켓은 있었다. 늦어도 13세기에는 중국에서 로켓이 발명되어 무기로 쓰이고 있었다. 이 기술은 몽골제국이 유럽을 침공하면서 유럽에도 전해졌다. 그런데도 왜 베른은 작품 속에서 로켓이 아니라 굳이 대포를 이용해 주인공을 달로 보냈을까?

답은 간단하다. 19세기에 로켓은 이미 시대에 뒤떨어진 기술이었기 때문이다. 당시에는 로켓이 오늘날의 로켓형 폭죽과 비슷한 수준으로, 비행 거리도 짧았고 과녁에 명중시키기도 어려웠다. 사실상 적을 살상하는 능력은 없었고, 빛과 소리로 적을 놀라게 하는 효과만 있었다. 그에 비해 대포는 사정거리가 거의 2킬로미터에 이르렀고, 정확히 명중시키기 위한 궤도 계산법도

3 베른이 과학적 고증을 무시하지는 않았다. 그 증거로 소설에서 포탄을 초속 11킬로미터로 쏘아 올리는데, 이는 뉴턴 역학을 바탕으로 계산한 값이다. 실제로 아폴로계획에서 달 궤도로 들어갈 때의 초기 속도인 초속 10.4킬로미터와 거의 일치한다.

확립되어 있었다. 즉, 당시에 로켓은 한물간 600년 전 기술이었고 대포는 최첨단 기술이었던 셈이다. 그래서 그때에는 로켓 같은 구닥다리 기술로 우주에 간다는 생각을 아무도 하지 못했다.

참고로 대포로는 절대 우주에 갈 수 없다. 초속 11킬로미터로 발사해도 엄청난 공기저항 때문에 금방 추락해 버리기 때문이다. 설사 우주 공간으로 나간다 하더라도 가속, 감속, 방향 전환 등을 할 수 없다.

그럼 우주 비행을 실현하려면 어떻게 해야 할까?

"로켓이 답이다."

로켓의 아버지들은 바로 이 사실을 깨달았다.[4] 이 깨달음이야말로 우주공학 사상 최대 혁명이라고 할 수 있다. 무려 600년 전 기술이 우주로 가는 열쇠였다니, 정말 놀랄 일이다.

물론 로켓형 폭죽이나 다름없는 19세기 로켓으로는 우주에 갈 수 없었다. 우주 비행을 실현하려면 로켓을 초속 7.9킬로미터까지 가속해야 한다. 시속으로 환산하면 2만 8000킬로미터로, 도쿄에서 오사카까지 1분 만에 갈 수 있는 엄청난 속도다. 이를

4 이 사실을 치올콥스키는 1903년에, 고더드는 1909년에 깨달았다. 치올콥스키의 논문은 러시아어로만 출판되었기에, 고더드는 이를 알지 못했다. 한

'제1우주속도'라고 하며, 이 속도까지 물체를 가속하면 인공위성이 되어 지구로 떨어지지 않는다.

그럼 어떻게 해야 해묵은 600년 전 기술로 초속 7.9킬로미터라는 속도를 낼 수 있을까?

'로켓의 아버지'가 남긴 두 번째 업적은 이 질문에 답을 내놓았다는 점이다.

답은 바로 액체연료로켓이다. 오늘날 우주로켓은 대부분 액체연료로켓이다. 액체연료로켓이 무엇이며 기존 로켓과 어떻게 다른지는 나중에 설명하겠다.

로켓의 아버지는 결국 우주로 가는 로켓을 직접 만들지는 못했다. 물론 기술적으로 쉬운 일이 아니기도 했지만, 가장 큰 장애물은 '세상 사람들의 이해 부족'이었을지도 모른다. 로켓의 아버지들은 시대를 지나치게 앞서갔으니까.

1926년 3월 16일, 아직 눈이 채 녹지 않은 미국 매사추세츠주 오번에서 역사적인 실험이 이루어졌다. 고더드가 개발한 세

편 오베르트는 이 사실을 스스로 발견하지는 못한 모양이다. 그래서 치올콥스키와 고더드만이 '로켓의 아버지'라고 주장하는 사람도 있다.

고더드와 그가 만든 세계 최초의 액체연료로켓 ©NASA

계 최초의 액체연료로켓[5]은 불을 뿜으며 이륙한 후, 2.5초간 비행하고 이웃 양배추 밭에 추락했다. 도달 고도는 고작 12미터였다. 하지만 이 12미터야말로 우주를 향한 인류의 기나긴 여정의 첫걸음으로 기념해야 할 것이다.

그 후에도 고더드는 로켓 실험을 반복했다. 사람들은 이 실험을 어떻게 생각했을까? 두근거리면서 지켜보고 있었을까? 미래를 예감하며 흥분하고 있었을까?

사람들의 시선은 싸늘했다. 《뉴욕타임스The New York Times》는 이런 사설을 실었다.

> 클라크대학에서 근무하며 스미스소니언협회의 지원을 받는 고더드 교수가 작용 반작용의 법칙도 이해하지 못해서 진공에서는 힘이 작용하지 않는다는 사실을 모르다니 참으로 한심하다. 고등학교 수준인 지식조차 없는 모양이다.

사설에서는 우주로켓을 비현실적이라고 단정하며 연구비를 낭비한다고 비판했다. 대중은 고더드를 바보, 별종, 미치광이로

5 액체연료로켓이라는 아이디어를 최초로 생각해 낸 사람은 치올콥스키지만, 액체연료로켓을 직접 만들지는 않았다.

취급했다. 이 사설은 1969년에 아폴로 11호가 달을 향해 날아오른 다음 날이 되어서야 겨우 정정되었다.

고더드는 평생을 바쳐 로켓을 개량했지만, 결국 우주를 향한 꿈은 이루지 못했다. '고도 2.7킬로미터', '초속 0.25킬로미터'가 고더드가 남긴 최고 기록이었다. 초속 7.9킬로미터의 벽을 넘으려면 거대한 로켓이 필요했고, 거대한 로켓을 만들려면 막대한 자금이 필요했다. 하지만 미치광이의 꿈 따위에 큰돈을 낼 사람이 있었겠는가?

독일에서 태어난 로켓의 아버지, 헤르만 오베르트도 사람들의 부족한 인식과 싸워야 했다. 그는 소년 시절에 『지구에서 달까지』를 달달 외울 정도로 읽었으며, 대학에서는 우주 비행을 연구 주제로 택했다. 하지만 오베르트가 쓴 박사 논문은 너무나 선구적이었던 탓에 교수들의 이해를 얻는 데 실패했고, 불합격 처리되고 말았다. 교수들은 논문을 다시 제출할 기회를 주었지만, 완고하고 자존심 강한 오베르트는 이를 거부하고 대학을 떠났다. 그는 속으로 이렇게 중얼거렸다.

'상관없어. 박사 학위 같은 게 없어도 당신들보다 위대한 과학

자가 될 수 있다는 걸 증명해 주지.'

오베르트는 불합격한 박사 논문을 『행성 간 공간으로 향하는 로켓Die Rakete zu den Planetenräumen』이라는 책으로 출판했다. 이 책에는 로켓의 원리부터 달 착륙 방법, 소행성 탐사, 전기 추진, 그리고 화성 식민지에 관한 아이디어까지 담겨 있었다. 이 책 속에는 바로 그 '무언가'도 숨어들었다. 이 '무언가'는 책 행간에 숨어 다음 숙주를 기다리고 있었다.

인류를 우주로 보낸 계약

그럼, 약속한 거다.
내가 어느 순간에, 멈춰라
너는 정말 아름답구나, 하고 말하면
그럼 너는 나를 묶어 버려도 좋다.
그럼 나는 기꺼이 파멸하마.
그럼 장례식 종을 울려라.
그럼 너의 시종 생활도 끝이다.
시계는 멈추고, 시곗바늘도 떨어져 버려라.
내 일생은 종말을 고하는 것이다.

괴테Johann Wolfgang von Goethe의 희곡 『파우스트』[6]에서 파우스트 박사는 이렇게 말하면서 악마 메피스토펠레스와 계약을 맺는다. 고명한 파우스트 박사는 이 세상의 온갖 지식에 통달했음에도 불구하고 인생에 만족하지 못했다. 결국 그는 죽은 후에 영혼을 악마에게 넘기는 대신 살아 있는 동안 온갖 꿈과 욕망을 이루어 달라는 계약을 맺고 말았다.

나는 『파우스트』를 읽을 때마다 어떤 사람이 떠오르곤 한다. 이번 장 나머지 부분의 주인공인 베르너 폰 브라운Wernher von Braun 박사로, 인류를 우주로 인도하는 데 가장 큰 공을 세웠다. 세계 최초의 탄도미사일 V2, 미국 최초의 인공위성과 우주 비행사를 쏘아 올린 레드스톤Redstone 로켓, 그리고 인류를 달로 보낸 새턴Saturn V 로켓……. 모두 폰 브라운의 업적이다. 그가 없었으면 인류가 우주로 나가는 시기가 50년이나 100년 정도 늦어졌을지도 모른다.

폰 브라운은 독일 귀족 집안에서 태어났다. 술꾼인 데다 자동차를 험하게 몰기로 유명했지만, 마음씨 좋고 호쾌한 사람이었

6 일본에서는 원작보다 데즈카 오사무手塚治虫의 만화가 더 유명할지도 모른다.

다. 듬직한 체격에 귀하게 자란 티가 나서 기품이 넘쳤다고 한다. 성격은 몹시 활발하고 정열적이었으며 첼로, 승마, 다이빙을 즐겼다. 이성에게도 무척 인기가 많았다고 한다. 어린 시절부터 우주는 그의 꿈이었고, 결국 꿈을 모두 이루고 예순다섯에 세상을 떠났다.

그는 어떻게 꿈을 이루었을까? 어떻게 '로켓의 아버지'가 넘지 못했던 장벽을 뛰어넘었을까? 인공위성을 쏘아 올리는 데 그치지 않고, 어떻게 달 여행까지 실현할 수 있었을까?

그는 스무 살 때 박사 학위를 받을 정도로 기술 분야에 재능이 있었다. 서른에는 이미 1000명 규모의 팀을 이끌 정도로 카리스마와 리더십도 갖추고 있었다. 하지만 단지 그뿐이었다면 폰 브라운은 아마 꿈을 이루지 못했을 것이다. 왜냐면 세상에는 재능만으로 해결할 수 없는 일이 아주 많기 때문이다. 그 '악마'와의 계약이 없었다면, 인류는 달에 가지 못했을 것이다.

운명은 검은 세단을 타고

"너는 커서 뭘 하고 싶니?"

폰 브라운이 열 살일 때 그의 어머니가 물었다. 그러자 열 살짜리 아이가 한 대답이라고는 생각하기 힘든 답이 돌아왔다.

"진보의 수레바퀴를 굴리는 데 기여하고 싶어요."

폰 브라운은 엄청난 장난꾸러기이기도 했다. 숙모가 선물한 조류 도감을 헌책방에 팔아서 공작 재료비를 벌기도 했고, 중학생 시절에는 로켓 실험을 하다가 산불을 내기도 했다. 고등학교 여름방학 때에는 용돈을 털어서 로켓형 폭죽을 산 다음, 장난감 차에 달아 불을 붙여서 베를린 거리에다가 쏘아 댔다.

왜 그 '무언가'가 이 소년을 택했을까? '무언가'는 폰 브라운의 마음속 깊은 곳으로 숨어들 기회를 가만히 기다리고 있었다.

기회는 열세 살이 되는 생일에 찾아왔다. 어머니는 폰 브라운에게 작은 천체망원경을 선물했다. 어린 폰 브라운은 금세 망원경에 빠져서, 접안렌즈에 비친 달의 운석구덩이와 목성의 위성과 토성 고리에 열중하기 시작했다.

그해에 폰 브라운은 중학교[7]에 입학해서 기숙사 생활을 시작했지만, 이미 우주에 사로잡혀 있었다. 공책 여백에 우주선과 로

7 운명의 장난인지, 학교 건물로 쓰이던 에터스부르크성Schloss Ettersburg은 괴테가 『파우스트』를 집필한 장소였다고 한다.

켓 그림을 그렸고, 우주여행 준비물 목록을 만들었으며, 179쪽에 이르는 천문학 대중서의 원고도 썼다. 하지만 성적은 엉망이었고 특히 물리와 수학 실력이 형편없었다. 그래서 '무언가'는 폰 브라운을 '지도'하기로 했다. 바로 '그 책'을 이용해서 말이다.

Die Rakete zu den Planetenräumen

『행성 간 공간으로 향하는 로켓』. 앞서 등장한 로켓의 아버지 헤르만 오베르트가 쓴 책이다. 폰 브라운은 잡지에 실린 책 소개를 보자마자 이를 주문했다. 도착한 책을 꺼내 두근거리는 마음으로 책장을 넘기자마자 그는 깜짝 놀랐다. 이해할 수 없는 수식으로 가득했기 때문이다. 선생님께 책을 보여 드리며 어떻게 해야 할지 물어보자, "수학과 물리 공부를 해라"라는 충고가 돌아왔다.

이날부터 폰 브라운은 열심히 공부했다. 그리하여 고등학교에 올라갈 무렵에는 수학과 물리 성적이 눈에 띄게 좋아졌고, 월반해서 1년 일찍 졸업했다. 재학 중에 교단에 서서 한 학년 위 학생들에게 수학을 가르치기도 했다. 다만, 수학과 물리가 아닌 다른 과

목 성적은 썩 좋지 않았다. 폰 브라운이 공부하는 목적은 오로지 우주였으므로, 우주와 관계없는 과목에는 거의 관심이 없었다.

고등학교를 졸업한 후에 폰 브라운은 베를린공과대학에 진학했다. 마침 베를린의 '황금의 20년대'가 끝나 가던 무렵이었다. 1920년대에 베를린은 두 차례 세계대전 사이 짧은 평화와 자유를 누리고 있었다. 예술가와 음악가가 모여들었고, 세계적인 영화 산업의 중심지가 되었다. 젊은이들은 최첨단 패션을 즐겼고, 밤에는 카바레에 수많은 손님이 몰렸다.

꽃을 피우려면 물이 필요하듯 꿈을 키우기 위해서는 자유가 있어야 한다. 꿈꾸는 청년들은 베를린에 모여들어 자유로운 공기를 들이마시며 꿈을 키워 나갔다. 그중에는 폰 브라운처럼 오베르트가 쓴 책에 자극을 받아 우주에 대한 꿈을 키워 온 젊은이들도 있었다. 이들은 아마추어 로켓 모임인 우주여행협회Verein für Raumschiffahrt, VfR를 결성하여, 탄약 집적소가 철거된 자리에 '로켓 비행장Raketenflugplatz'이라는 간판을 내걸고 직접 로켓을 개발했다. 쥐꼬리만 한 자금을 간신히 모아서 장난감처럼 작은 로켓을 만들며 성공과 실패를 되풀이하고 있었다. 폰 브라운도 VfR에 참여했지만, 너무 젊어서 그런지 중심인물은 아니었다고 한다.

이때 독일에는 로켓에 관심을 보이는 또 다른 조직이 있었다. 바로 군대였다. 로켓과 미사일은 기술적으로 완전히 같다. 로켓에 인공위성을 실어 우주를 향해 쏘는 대신, 폭탄을 실어 적을 향해 쏘면 미사일이 된다. '로켓의 아버지'들이 로켓이라는 13세기의 낡은 무기를 통해 우주 비행의 가능성을 봤다면, 독일군은 로켓이 지닌 무기로서의 가치를 재발견했다.

『파우스트』에서 악마 메피스토펠레스는 검은 개로 변신해서 파우스트 박사 집에 찾아온다. 우주 시대의 파우스트 박사를 찾아온 악마의 사자는 바로 검은색 세단이었다. 1932년 봄, 검은 세단이 VfR에 찾아왔다. 차에는 사복 차림의 독일군 기술 장교 셋이 타고 있었다.

무기가 된 꿈의 로켓

군은 VfR가 만든 로켓에 관심을 보였다. VfR가 군대 훈련장에서 로켓 실험을 할 수 있게 해 주고, 만약 성공하면 1367마르크를 지급하겠다는 제안을 해 왔다. 만성적인 재정난에 허덕이던

VfR에게는 정말 고마운 제안이었다. 그런데 막상 실험을 해 보니 로켓은 엉뚱한 방향으로 날아갔고, 실험은 결국 실패로 끝났다. 호언장담만 반복하는 VfR의 지도자에게도 군은 대단히 실망했다.

하지만 군은 생각지도 못한 인재를 발굴했다. 바로 폰 브라운이다. 우주를 향한 뜨거운 꿈을 품은 이 젊은이는 도저히 스무 살이라고 생각하기 힘들 정도의 지식, 리더십, 카리스마를 지니고 있었다. 군은 폰 브라운을 높이 평가하여, VfR의 로켓 대신 폰 브라운과 그의 꿈을 한꺼번에 사들이기로 했다.

폰 브라운은 군에 소속되어 일하는 데 아무런 의문도 품지 않았다. 훗날 그는 이렇게 회상했다.

"장난감 같은 액체연료로켓을 우주선도 쏘아 올릴 수 있는 본격적인 기계로 만드는 데 필요한 막대한 자금에 관해 나는 아무런 환상도 가지고 있지 않았습니다. 육군이 지원하는 자금은 우주여행을 위한 유일한 희망이었습니다."

폰 브라운은 엄청난 낭만주의자인 동시에 철저한 실용주의자였다. 꿈을 이루려면 돈이 필요하다. 우주개발뿐만 아니라 회사 경영, 스포츠, 자선사업마저도 예외가 아니다. 가만히만 있으면 꿈은 이루어지지 않는다. 어쩌면 현실이라는 진흙탕 속을 구르면서도 꿈만은 계속 순수하게 간직하는 일이 꿈을 이루기 위한 조건일지도 모른다.

육군에 고용된 폰 브라운은 본격적으로 액체연료로켓 개발을 시작했다. 앞에서도 언급했듯이 로켓의 아버지들은 우주로 가기 위해 액체연료로켓을 고안했다.

한편 중국에서 처음 발명된 로켓, 19세기 유럽에서 쓰이던 로켓, 오늘날의 로켓형 폭죽은 모두 '고체연료로켓'이다. 〈그림 1〉을 통해 그 동작 원리를 살펴보자. 구멍을 하나만 뚫어 놓은 용기 안에서 화약을 태우면 뜨거운 고압가스가 발생하여 구멍을 통해 뿜어져 나온다. 그 반작용으로 로켓은 앞으로 나갈 수 있다. 하지만 당시에 쓰이던 흑색화약[8]은 가스를 분출하는 속도가 충분하지 않아서 제1우주속도인 초속 7.9킬로미터에 절대 도달할 수 없었다. 액체연료로켓도 가스를 분사해서 앞으로 나간다는 근본적인 원리는 같지만, 가스를 만드는 방법이 다르다. 〈그림 1〉처럼, 액체연료로켓에는 탱크가 두 개 있다. 한쪽에는 액체연료

8 황, 숯, 질산칼륨을 섞어 만든 검은색 폭약.(역자 주)

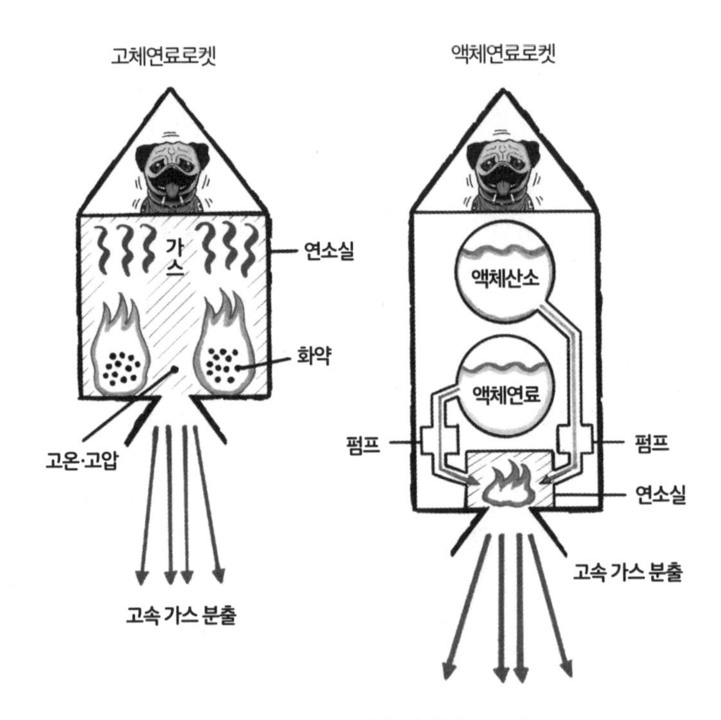

〈그림 1〉 고체연료로켓과 액체연료로켓

(휘발유나 액체수소)가, 다른 한쪽에는 산화제(액체산소 등)가 들어 있다. 펌프를 이용해 연료와 산화제를 연소실로 보내서 섞은 다음 연소하면, 폭발적으로 불타면서 발생한 가스가 노즐을 통해 고속으로 분사된다. 고체연료로켓보다 구조는 복잡하지만, 가스 분사 속도가 빠르기 때문에 로켓을 충분히 크게만 만들면 초속 7.9

킬로미터를 돌파할 수 있다.

폰 브라운이 육군에서 처음으로 개발한 A1 로켓은 길이 1.4미터, 무게 150킬로그램밖에 안 되는 액체연료로켓이었다. 개발하는 데 일 년 반이나 걸렸지만 쏘아 올린 후 1.5초 만에 폭발했다.

그 무렵 독일은 크게 흔들리고 있었다. '악마'가 가면을 벗어던지고 본성을 드러내기 시작했기 때문이다. 폰 브라운이 육군에 고용된 이듬해에 아돌프 히틀러Adolf Hitler가 수상에 취임했으며, 이윽고 독재 권력을 손에 넣었다. 1935년에 독일은 베르사유조약을 파기하고 재군비를 선언했으며, 1939년에 다시 세계대전이 시작되었다.

이러한 사건이 곧바로 폰 브라운의 연구 환경에 영향을 미치지는 않았다. 그는 마치 역사에서 동떨어진 사람처럼, 우주를 향한 꿈에 푹 빠진 채 로켓 개발에 몰두했다. 실패와 시행착오를 반복하면서 점점 로켓은 거대해졌고, 이에 맞춰 개발진 규모도 커졌다.

11년이라는 세월이 흘러 폰 브라운은 마침내 우주로 향하는 문을 두드릴 로켓을 완성했다. 길이 14미터, 무게는 12.5톤이나 되는 괴물 같은 로켓이었다. A4라 불린 이 로켓은 수직으로 쏘면 고도 200킬로미터의 우주 공간에 도달할 수 있었다.[9] 한편 미사일로 사용한다면 320킬로미터 떨어진 표적에 1톤짜리 폭탄을 명중시킬 수 있었다.

야망과 희망이 만나다

제2차 세계대전이 시작된 지 4년이 지난 1943년 7월 7일, 폰 브라운은 갑자기 '늑대 소굴Wolfschanze'로 오라는 명령을 받는다. 그곳은 바로 총통 본부로, 히틀러가 A4 로켓에 관한 설명을 듣고 싶다는 것이었다. 명령을 받은 그날 폰 브라운과 상관인 도른베르거Walter Robert Dornberger는 비행기와 차를 갈아타면서 깊은 숲과 지뢰로 둘러싸인 동프로이센의 '늑대 소굴'에 도착했다. 가장 안쪽에 있는 건물 영사실에서 그들은 긴장한 표정으로 히틀러가 도착하기를 기다렸다.

기다린 지 몇 시간이 지났다. 히틀러가 부하 여럿과 함께 방으

9 초속 7.9킬로미터에는 못 미쳤기 때문에 우주 탄도비행만 가능했다. 다시 말해 인공위성이 되지는 못하고 금방 다시 떨어지지만, 몇 분이나마 우주를 날 수 있었다.

로 들어왔다.

"총통 각하!"

우렁찬 목소리로 병사가 외쳤다. 히틀러는 피곤함에 찌든 표정이었다. 당시 전세가 독일에 몹시 불리했는데, 동부전선에서는 소련에 밀리고 있었고 아프리카는 영미 연합군에 함락당한 상황이었다. 프랑스는 여전히 독일이 장악하고 있었지만, 도버해협 너머 영국은 건재했다.

도른베르거가 짧게 인사를 마치자, 영사기가 돌아가며 소리 없는 흑백 영상이 나오기 시작했다. 영상에서 A4 로켓은 불을 뿜으며 수직으로 이륙하더니, 음속을 넘으며 순식간에 성층권으로 사라졌다.

폰 브라운은 화면 옆에 서서 영상에 맞춰 기술적인 설명을 했다. 그의 높은 목소리에는 자신감이 가득했으며, 열정이 넘치는 푸른 눈으로 총통을 똑바로 바라보았다. A4 로켓을 이용하면 도버해협을 넘어 런던을 폭격할 수 있었다. 마하 3으로 돌진하는 A4를 격추할 방법은 없었다.

영상이 멈추고 폰 브라운이 설명을 마치자, 방 안에는 침묵이 흘렀다. 그 누구도 말을 꺼내지 못했다. 히틀러는 의심할 여지도

A4 로켓. 훗날 V2 로켓으로 이름이 바뀌었다. ©Deutsches Bundesarchiv

없이 흥분하고 있었다. 그동안의 피로가 싹 가신 모양이었다. 그리고 히틀러의 눈은 불길하게 반짝였다.

침묵을 밀어내듯이 도른베르거가 추가 설명을 시작하자, 갑자기 히틀러가 일어서서 물었다.

"폭탄 10톤을 실을 수 있겠나?"

도른베르거는 조심스럽게 불가능하다고 설명했다. 그러자 히틀러는 외쳤다.

"섬멸! 나는 적을 섬멸할 힘을 원해!"

이미 독일은 절망적인 상황에 처해 있었지만, 히틀러는 로켓으로 단번에 전세를 뒤집을 수 있다고 맹신했다.

이날 히틀러를 매료시킨 것은 A4 로켓만이 아니었다. 서른한 살이라는 젊은 나이에 1000명 규모의 개발진을 이끌며, 총통 앞에서도 주눅 들지 않고 당당하게 설명을 해낸 폰 브라운도 히틀러 마음에 쏙 들었다. 그 자리에서 히틀러는 이 카리스마 넘치는 젊은이에게 '교수'라는 칭호를 부여했다. 이는 독일 학술계에서 최고 영예였다. 히틀러는 교수 증서에 직접 서명까지 했다.

그리하여 악마는 계약서를 내밀었다. 나치 정부는 A4 로켓에 자금과 물자를 우선적으로 공급하겠다고 약속했다. 대신 한 달에

A4 로켓 1800기를 만들라고 명령했다. 폰 브라운이 품어 온 꿈의 결정체인 A4 로켓에는 새로 '보복 무기Vergeltungswaffe 2호', 즉 V2라는 슬픈 이름이 붙고 말았다.

히틀러와 폰 브라운. 두 남자는 완전히 다른 꿈을 품고 있었지만 꿈을 이루기 위한 수단은 똑같이 로켓이었다. 꿈을 실현하기 위해서 수단과 방법을 가리지 않는다는 점도 비슷했다. 히틀러는 전쟁에서 이기기 위해 폰 브라운이 가진 기술이 필요했고, 폰 브라운은 우주로 가는 로켓을 만들기 위해 나치의 돈이 필요했다. 이해관계는 일치했다.

역사를 바라보는 관점은 몹시 다양하다. 폰 브라운이 히틀러에게 이용당했다고 보는 사람도 있다. 하지만 독일이 패망하고 히틀러의 야망이 무너진 후에도 폰 브라운의 꿈은 계속 살아남아 결국 인류를 달로 보냈다. 진짜로 이용당한 것은 과연 어느 쪽일까?

비극이 된 운명

1944년 9월 8일, 폰 브라운의 꿈이 낳은 사생아 V2 로켓은 네

덜란드 헤이그 근교에서 맹렬한 불꽃을 뿜으며 하늘을 향해 날아올랐다. 이 슬픈 로켓은 수직으로 날아올랐다가, 이윽고 서쪽으로 기수를 돌렸다. 그 와중에도 계속 구름을 뚫으며 고도를 높였고, 몇 분 만에 별이 빛나는 우주 공간에 도달했다. 아래로 아름다운 푸른 지구의 둥근 수평선이 보였다. 몇 분이나마 로켓은 폰 브라운이 어릴 적부터 꿈꿔 온 우주를 떠돌았다.

그러나 이윽고 로켓은 지구 중력에 이끌려, 빠르게 고도를 낮춰 갔다. 점점 지면에 가까워졌다. 구름 아래로 나오자 런던의 가로등 불빛이 보였고, 로켓은 그 한가운데를 향해 맹렬한 속도로 돌진했다. 오후 6시 43분, 로켓은 도로에 세차게 부딪쳤고 싣고 있던 폭탄 1톤이 작렬했다. 불행히도 근처에 있던 세 사람이 목숨을 잃었다. 그중에는 세 살배기 여자아이도 있었다.

폰 브라운은 어떤 생각이 들었을까? 양심의 가책을 느꼈을까? 그 '무언가'는 폰 브라운의 마음에 뭐라고 속삭였을까? 역사는 사람의 마음을 기록하지 않는다. 다만 V2가 '성공'했다는 소식을 들은 폰 브라운은 동료에게 이렇게 말했다고 한다.

"로켓은 완벽하게 작동했어……. 엉뚱한 행성에 착륙하고 말았다는 점만 빼면 말이야."

V2로 파괴된 런던

현실에서 비극이 벌어지고 있는 중에도, 그의 상상 속에서 로켓은 우주를 날고 있었다. 폰 브라운에게 상상의 세계는 일종의 '성역'이었다. 어떠한 비극, 슬픔, 아비규환도 이 성역을 침범하지 못했기에 그의 꿈은 계속 순수한 채로 남아 있을 수 있었다.

전쟁 중에 V2 약 3000기가 주로 영국과 벨기에를 향해 발사되어 약 9000명이 희생당했다. 게다가 V2를 제조하는 데 강제로 동원된 노동자 1만 2000명이 목숨을 잃었다고 한다. V2는 그저 비극만 더했을 뿐, 무너져 가는 독일의 운명을 바꾸지는 못했다. 오히려 V2에 자금을 쏟아부은 일 자체가 히틀러의 전략적 실책이었다는 말도 있다. 만약 이 자금이 원자폭탄 개발에 쓰였다면(생각만 해도 끔찍하지만), 어쩌면 전쟁의 결과가 바뀌었을지도 모른다.

물론 폰 브라운이 정의감 때문에 일부러 쓸모없는 무기를 히틀러에게 권했다고 보는 것은 지나치게 순진한 생각이다. 그는 우주로 가겠다는 꿈을 이루기 위해 나치의 자금이 필요했을 뿐이다. 나치 정부에 대해서도 늘 충실한 태도를 보였다고 한다. 어떤 사건이 일어나기 전까지는 말이다.

1944년 3월 어느 날 밤의 일이다. 폰 브라운은 파티에서 술에 잔뜩 취해 동료에게 우주에 관한 꿈 이야기를 했는데, 이를 누군가가 비밀경찰 조직인 게슈타포에 밀고했다.

3월 22일 새벽 2시 무렵, 출장을 와 호텔에서 자고 있던 폰 브라운은 거칠게 문을 두드리는 소리에 잠에서 깼다. 문을 연 그는 깜짝 놀랐다. 게슈타포 요원이 찾아왔기 때문이다. 요원은 폰 브라운에게 경찰서로 가자고 했다.

"지금 나를 체포하겠다는 말입니까? 무언가 오해가 있는 것

같습니다."

"체포하겠다는 게 아니라, 당신을 보호하라는 긴급명령이 떨어졌을 뿐이오."

물론 이는 사실상 체포나 마찬가지였다. 폰 브라운은 옷을 갈아입고 짐을 챙긴 뒤 요원을 따라 호텔을 나섰다. 밖에 차가 기다리고 있었고, 경찰서에 도착하자마자 그는 유치장에 들어가야 했다. 죄목은 태업이었다. 우주선을 만들기 위해 로켓 개발을 지연시켰다는 것이었다. 이는 사형당할 수도 있는 중죄였다.

괴테의 희곡에서 파우스트는 악마의 힘을 이용해 감옥에 갇힌 연인을 구하려 했는데, 옥중에 있던 폰 브라운을 구한 것도 '악마'의 힘이었다. V2에 전세를 역전시킬 희망을 건 히틀러에게 폰 브라운은 꼭 필요한 인재였다. 히틀러의 명령으로 폰 브라운은 곧 석방되었다.

하지만 이때부터 폰 브라운은 나치에 회의를 품기 시작했다. 나치가 질책한 폰 브라운의 꿈은 그에게 '성역'이었다. 로켓을 전쟁에 이용하는 것은 용납할 수 있어도, 자신의 꿈에 간섭하는 일만은 용서할 수 없었는지도 모른다.

독일의 전세는 더욱 악화하고 있었다. 영미 연합군은 노르망

디에 상륙하여 파리를 탈환했고, 동쪽에서는 소련군이 밀려오고 있었다. 독일이 전쟁에서 질 것이라는 사실을 폰 브라운은 냉철하게 이해하고 있었다. 우주를 향한 꿈을 조국과 함께 묻어 버릴 생각은 추호도 없었고, 독일을 점령할 승전국들이 V2 기술을 몹시 원할 것이라는 사실도 잘 알고 있었다.

해가 1945년으로 바뀌자, 그는 신뢰할 수 있는 부하 몇 명을 모아 농장 오두막에서 밀담을 나누었다. 폰 브라운은 말했다.

"독일은 전쟁에서 질 수밖에 없겠지. 하지만 우리가 세계 최초로 우주에 도달했다는 사실을 잊으면 안 돼. 우리는 언제나 우주여행이라는 꿈을 믿어 왔지. 어느 점령국이든지 간에 우리의 지식을 원할 거야. 문제는 어느 나라에 우리의 유산을 맡길 것이냐는 점이지."

선택지는 총 네 개였다. 소련, 영국, 프랑스, 그리고 미국. 폰 브라운은 나치에서의 경험을 통해 꿈을 이루려면 두 가지가 필요하다는 사실을 알고 있었다. 자유와 돈이다. 이 두 가지를 모두 갖춘 나라는 오직 한 군데뿐이었다. 바로 미국이다.

폰 브라운 일행은 몰래 준비를 시작했다. 14톤에 이르는 V2 기술 자료를 하르츠산맥 광산의 한 터널 속에 숨기고, 다이너마이트로 폭파해 입구를 막아 버렸다. 이는 미군에 제안할 자신들의 '몸값'이었다.

바다를 건너 우주로

1945년 4월 30일, 히틀러는 베를린 참호에서 자살했다. 알프스 스키장 호텔로 피난했던 폰 브라운 일행 중 동생인 마그누스 폰 브라운Magnus von Braun은 이튿날 아침 자동차를 타고 남쪽으로 향했다. 그곳에 미군이 있다는 정보를 입수했기 때문이었다. 북서쪽에서는 프랑스군이 다가오고 있었다. 프랑스군에 붙잡히기 전에 미군과 접촉하려면 먼저 행동할 수밖에 없었다.

진땀을 흘리며 몇 시간을 기다렸다. 마침내 마그누스가 미군의 통행 허가증을 들고 동료들이 기다리는 호텔로 돌아왔다. 폰 브라운을 포함한 기술자 일곱 명은 곧바로 차를 타고 남쪽으로 향했다.

폰 브라운은 미군에게 전범 취급을 받아도 이상하지 않은 인물이었다. 하지만 미군은 폰 브라운과 동료들에게 스크램블드 에그, 흰 빵, 커피를 대접하며 정중하게 맞아들였다. 폰 브라운은 놀라지 않았다. 훗날 그는 이렇게 회상했다. "우리는 V2를 가지고 있었지만, 그들은 가지고 있지 않았지요. 그들이 V2에 관해 알고 싶어 하는 것은 당연했습니다."

폰 브라운은 자신의 특기인 언변과 영업 능력을 발휘해 로켓이 지닌 가능성을 미군에게 설파했다. 곧 다가올 소련과의 전쟁에서 로켓은 강력한 무기가 될 것이다. V2는 아직 발전 중인 기술이며, 고작 40분 만에 대서양을 건너 승객과 폭탄을 실어 나를 수 있는 로켓으로도 만들 수 있을 것이다. 다만 로켓을 사용하면 우주선을 지구주회궤도[10]에 올릴 수 있을 것이다. 우주정거장을 건실하여 물리와 천문학 연구를 할 수 있을 것이다. 그리고 장래에는 달과 다른 행성에도 갈 수 있을 것이다…….

한 미군 병사는 어이가 없다는 듯이 말했다. "만약 우리가 독일에서 가장 뛰어난 과학자를 붙잡은 게 아니라면, 이 녀석은 정말 말도 안 되는 허풍쟁이일 거야!"

그리하여 폰 브라운은 V2 기술을 몸값 삼아 목숨을 보장받고 미국으로 갈 권리를 손에 넣었다. 미군은 폰 브라운과 동료들이

10 지구 주위를 도는 궤도.(역자 주)

한 증언을 바탕으로 터널에 숨겨진 기술 자료 14톤과, 지하 공장에 방치된 많은 V2 부품을 입수했다. 폰 브라운과 선택받은 기술자 124명은 우주를 향한 꿈과 함께 대서양을 건너 미국으로 향했다.

한편, 소련도 폰 브라운과 그의 기술을 몹시 원했다. 폰 브라운과 중요한 기술 자료는 미국이 차지했지만, 소련이 점령한 지역에도 로켓 개발 거점인 페네뮌데와 로켓을 제조하던 지하 터널이 있었다. 소련군은 남아 있는 부품, 서류, 도면과 미국으로 간 124명 이외의 모든 기술자를 차지했다. 그리고 이들은 베일에 가려진 소련의 또 다른 '파우스트 박사' 손으로 넘어갔다.

사슬에 묶여 버린 꿈

'미국에서 우주로켓을 만들고야 말겠다'는 꿈을 꾸며 폰 브라운은 바다를 건넜지만, 10년 넘게 자유롭지 못한 신분으로 육군에서 계속 미사일 개발만 해야 했다.

"참아야 한다."

'무언가'는 이렇게 속삭이며 폰 브라운을 다독였을지도 모른다. 그는 언젠가 기회가 오리라 믿으며 로켓 개발에 매진하여, V2 보다 두 배나 큰 레드스톤 로켓을 완성했다.

폰 브라운은 꿈도 컸지만, 욕심도 아주 대단했다. 그저 인류가 우주에 가면 되는 것이 아니라, 그 일을 자기 손으로 직접 이루려 했다. 게다가 반드시 최초로 성공해야 한다고 생각했다. 폰 브라운은 돈과 기회만 있으면 그 일을 해낼 자신이 있었다.

사실 그가 만든 레드스톤 로켓과 육군 제트추진연구소Jet Propulsion Laboratory, JPL의 소형 고체연료로켓인 서전트Sergeant를 조합하면 당장에라도 초속 7.9킬로미터의 벽을 뚫고 세계 최초로 인공위성을 쏘아 올릴 수 있었다. 구체적인 방안은 다음과 같았다. 레드스톤을 제1단 로켓으로 사용하고, 그 위에 서전트 열한 개를 묶어서 제2단 로켓으로 삼는다. 거기에 서전트 세 개를 묶은 제3단 로켓을 더하고, 마지막으로 서전트를 하나만 쓴 제4단 로켓을 놓는다. 이를 제1단부터 차례로 점화해 나가면 제4단 로켓과 그 위에 탑재한 몇 킬로그램짜리 작은 인공위성은 초속 7.9킬로미터에 도달할 수 있다. 제1단부터 제4단까지가 모두 기존 기술로 가능했기에 자금과 결단만 있으면 바로 실현할 수 있었다. 폰 브라운은 이 계획을 1955년에 제안했는데, 이는 스푸트니크 1호가

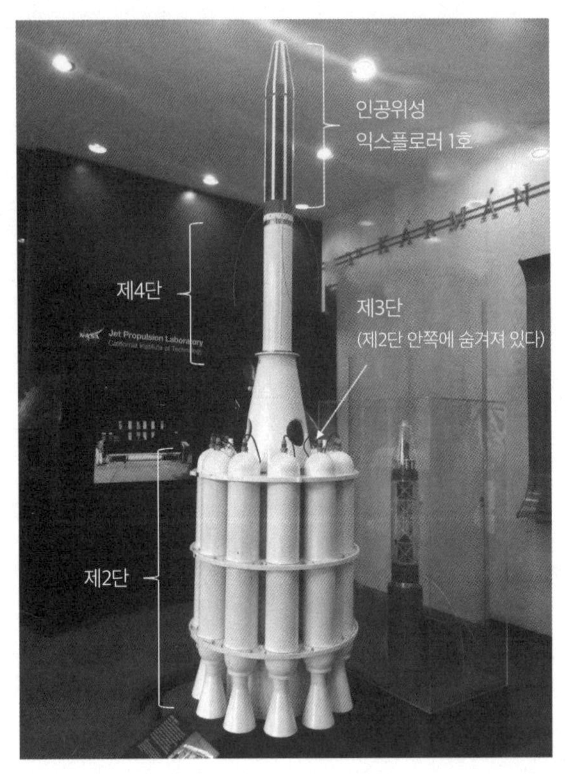

JPL에 전시되어 있는 익스플로러 1호와 제2단부터 제4단 로켓 모형
(필자 촬영)

발사되기 2년 전 일이다.

한편 해군과 공군에서도 각각 인공위성 계획을 제안했다. 미국 각 군은 몹시 경쟁의식이 강했고, 정치적인 균형 문제도 있었

다. 기술적으로 보면 폰 브라운이 소속된 육군 개발진이 가장 우수했으니, 미국이 세계 최초로 인공위성을 쏘아 올리려면 육군 개발진이 제안한 계획을 택해야 했다. 하지만 미국은 해군의 계획을 택했다. 이는 정치적인 문제 때문이었다고 한다. 레드스톤 로켓은 나치 독일 기술을 바탕으로 만들어졌지만, 해군의 로켓은 오직 미국 기술만으로 만들어졌다. 또한 미국 정부는 군용 미사일인 레드스톤 로켓이 소련 상공을 날면 소련을 자극할지도 모른다는 점을 우려했다.[11]

폰 브라운은 포기하지 않고 1956년 9월에 탄두 재돌입 연구라는 명목으로 로켓 실험을 추진했다. 단, 제4단은 진짜 로켓이 아니라 모래를 채워 만든 대체품이었다. 국방부에서는 폰 브라운이 몰래 인공위성을 쏘아 올리려는 것이 아닌지 의심했다. 육군이 해군보다 앞서 나가면 정치적인 문제가 생길 수 있었기에, 국방부는 감찰관까지 보내서 제4단 로켓이 정말로 대체품인지 철저하게 확인했다.

실험은 완벽하게 성공했다. 만약 제4단 로켓이 대체품이 아니

11 해군 로켓은 연구용으로 개발되고 있었다. 다만 로켓과 미사일은 같은 것이므로, 어떤 용도로 만들든지 실질적으로는 차이가 없다.

라 진짜였다면, 미국은 세계 최초로 인공위성을 쏘아 올리는 영광을 차지했을 것이고 폰 브라운도 어릴 때부터 가져 온 꿈을 이루었을 것이다.

폰 브라운은 미 의회에 직접 호소했다. 미국중앙정보국Central Intelligence Agency, CIA를 통해 소련이 거대한 로켓을 개발하고 있다는 정보가 들어오기도 했다. 한편, 해군의 계획은 계속 지연됐다. 폰 브라운은 이대로 가다가는 소련이 먼저 성공할 것이라고 의원들을 겁줬다.

하지만 정치가들은 폰 브라운의 말을 받아들이지 않았다. 자국의 기술력을 과대평가하고 소련의 기술력은 과소평가했기 때문이다. 예를 들어 앨런 엘렌더Allen Ellender 상원 의원은 이런 말을 했다.

"제가 얼마 전에 소련을 방문했는데, 자동차가 거의 보이지 않더군요. 간혹 있더라도 다 고물들이었습니다. 그런 나라에서 인공위성을 만들 수 있을 리가 없습니다."

그렇게 미국이 자만한 사이에, 소련은 로켓 기술에 자금과 인원을 꾸준히 투입하여 결국 미국을 추월했다.

더불어 상상력이 부족한 정치가는 물론이고 폰 브라운마저도 예상하지 못했던 사실이 있었다. 바로 폰 브라운과 견줄 만한 천재 기술자, 즉 또 한 명의 '파우스트 박사'가 소련에 존재했다는 점이다.

또 한 명의 '파우스트 박사'

그의 이름은 세르게이 코롤료프Sergei Pavlovich Korolyov였다. 나이는 폰 브라운보다 다섯 살 많았다. 동안이지만 권투 선수처럼 턱이 일그러졌으며, 치아는 거의 다 의치였다. 얼굴은 고생한 티가 많이 났고 머리는 항상 덥수룩했으며 옷은 늘 구겨져 있었고 담배 냄새까지 났지만, 이성에게 인기는 많았다고 한다. 그리고 그 역시 호색가였다.

코롤료프는 몹시 외로운 유년기를 보냈다. 세 살 때 부모님이 이혼하면서 아버지는 집을 나가 버렸고 어머니마저 멀리 있는 대학에 가면서, 그는 부유한 할아버지, 할머니 댁에 틀어박힌 채 지내야 했다. 친구는 없었고 아이다운 놀이도 할 수 없었다.

코롤료프가 여섯 살 때, 로켓의 아버지들에게 찾아왔던 '무언가'가 처음으로 그의 마음에 다가왔다. 그가 사는 시골 마을에서

에어쇼가 열렸고, 할아버지는 어린 코롤료프를 데리고 구경하러 나왔다. 소년은 작은 복엽비행기[12]가 자유롭게 하늘을 나는 모습을 보았다. 난생처음 보는 비행기였다. 어쩌면 처음으로 '자유'를 본 순간이었는지도 모른다. 그날부터 코롤료프는 하늘에 매료되었다.

대학에서 비행기 설계를 전공하고, 소련의 전설적인 항공기 설계자인 안드레이 투폴레프Andrei Nikolayevich Tupolev에게 지도를 받았다. 스물세 살 때 비행기 면허를 취득하여 직접 조종도 했다. 비행기를 높이, 더 높이 날리던 중에 그 '무언가'가 마음속에서 속삭였다.

"이 위에는 무엇이 있을까?"

이렇게 우주에 흥미를 느끼기 시작했다.

하지만 1930년대 소련에는 전쟁의 발소리가 들려오고 있었기에 코롤료프도 미사일 개발을 해야 했다. 그는 금세 두각을 나타내서 20대 후반에는 소련의 제트 추진력 연구 그룹Group for the Study of Reactive Motion에 참여했다.

12 동체 아래위로 앞날개가 두 개 달린 비행기.(역자 주)

비극은 갑자기 일어났다. 1938년 6월, 검은 옷을 입은 비밀경찰이 코롤료프가 살던 아파트로 들이닥쳤다. 그는 공포에 떠는 아내와 울음을 터뜨리는 세 살배기 딸을 남겨 둔 채 연행되었다. 코롤료프의 출세를 시기한 동료가 그에게 얼토당토않은 누명을 씌웠기 때문이었다. 그는 시베리아로 끌려가서 고문을 당하느라 이가 거의 다 빠져 버렸고, 사형선고까지 받았다.

간신히 살아남아 6년 만에 석방된 코롤료프가 맡은 일은 바로 독일로부터 빼앗은 V2 로켓 연구였다. 전쟁이 끝난 후 독일에서 연행해 온 기술자를 동원해, 그는 우선 V2 복제품인 R1 로켓을 만들었다. 그리고 이를 바탕으로 R2, R5 등 서서히 더 큰 로켓을 만들어 갔다. 마침내 1957년에는 R7 로켓을 완성했다.

R7 로켓은 높이가 34미터이며, 무게는 폰 브라운이 개발한 레드스톤 로켓보다 열 배나 무거운 280톤이었다. 로켓 아랫부분을 에워싼 부스터 네 개는 마치 긴 치마를 입은 것 같았다.

R7을 미사일로 운용했을 때의 성능은 무시무시했다. 8000킬로미터를 날아가서 미국 어느 곳에든 원자폭탄을 떨어뜨릴 수 있었다.

로켓과 원자폭탄의 조합……. 그야말로 악마의 무기였다. 단

현재도 쓰이고 있는 소유스Soyuz 로켓은 R7의 직계 자손으로,
제1단 로켓의 디자인이 거의 같다. ©Nasa

한 발로 수십만 명의 목숨을 빼앗을 수 있고, 인류가 오랜 세월에 걸쳐 이룩한 도시와 문화를 폐허로 만들 수 있으며, 당시의 어떤 기술로도 격추할 수 없는 데다가 주민들이 대피할 여유조차 주지 않는 무기였다.

왜 소련은 이토록 로켓 기술에 힘을 기울인 것일까? 당연히 우주를 위해서는 아니었다. 당시 소련은 항공 기술 분야에서 미국에 크게 뒤처져 있었고 경제력도 심하게 차이가 났다. 하지만 설사 정면으로 싸워서 이길 수 없다 하더라도, 핵미사일만 있으면 미국 국민을 인질로 잡은 것이나 마찬가지였다. 소련은 핵미사일에 형세 역전이라는 희망을 걸고, 다른 기술과 국민 생활수준마저도 희생하면서 집중적으로 로켓에 예산을 투입했다.[13] 독재국가였기에 가능했던 엄청난 도박이었다. 비록 규모는 다르지만, 국가적으로 핵미사일을 개발한 이유 자체는 오늘날의 북한과 비슷하다.

폰 브라운과 마찬가지로, 코롤료프의 꿈은 살육이 아니라 우

13 참고로 R7은 지금도 러시아에서 쓰이는 소유스 로켓의 원형이다. 소유스는 무려 1700번이나 발사되었는데, 전 세계 어떤 로켓보다 많은 발사 횟수다. 게다가 가격도 저렴해서 현대 상업용 로켓 시장에서 큰 비중을 차지하고 있다.

주였다. 그리고 이를 실현하기 위해 '악마'에게 힘을 빌렸다는 점도 폰 브라운과 같았다. R7은 핵미사일로 개발되기는 했지만, 레드스톤과 마찬가지로 아주 조금만 개량하면 초속 7.9킬로미터의 벽을 뚫고 인공위성을 쏘아 올릴 수 있는 로켓이었다. 그리고 코롤료프와 그의 마음속에 숨어든 '무언가'는 꿈을 실현할 기회를 신중하게 기다리고 있었다.

1956년 2월 27일, R7 로켓보다 다소 작은 R5 로켓을 이용해 세계 최초로 핵미사일 실험을 성공시킨 지 3주 후의 일이었다. 소련 지도자 흐루쇼프Nikita Sergeyevich Khrushchyov가 코롤료프의 설계국을 시찰하러 왔다. R5 로켓을 본 흐루쇼프는 흡족해하면서, 어느 나라가 사정거리에 들어가느냐고 물었다. 코롤료프는 그 질문을 예상했기에, 미리 준비해 둔 유럽 지도를 펼쳐 보였다. 동독일을 중심으로 R5 로켓의 사정거리를 나타내는 원이 그려져 있었다. 이 원은 스페인과 포르투갈을 제외한 전 유럽을 포함하고 있었다.

"영국을 멸망시키려면 미사일 몇 발이 필요한가?"

흐루쇼프가 조용히 물었다.

"다섯 발이면 충분합니다."

군수 장관인 우스티노프Dmitri Fyodorovich Ustinov가 자신 있게 대답했다.

이것으로 끝이 아니었다. 코롤료프는 흐루쇼프 일행을 다음 방으로 안내했다. 문을 열고 들어가자, 대성당처럼 천장이 높은 방 안에 높이가 34미터나 되는 괴물 같은 로켓이 서 있었다. 바로 R7 로켓이었다.

미국 본토에 원자폭탄을 떨어뜨릴 수 있다는 설명에 흐루쇼프는 대단히 기분이 좋은 눈치였다. 지금이 바로 기회였다. 코롤료프는 말을 꺼냈다.

"하나 더 보여 드리고 싶은 게 있습니다."

그는 흐루쇼프를 구석으로 안내했다. 그곳에는 표면에 막대기가 여러 개 튀어나온 작은 물체가 놓여 있었다. 그것은 로켓도 아니고 폭탄도 아니었다. 그것이 미국을 쓰러뜨리는 데 어떤 식으로 도움이 될지 상상할 수도 없었다. 흐루쇼프의 머릿속에는 물음표만 가득했다. 코롤료프는 말했다.

"이것은 인공위성입니다."

스푸트니크의 노래

1957년 10월 3일, 훗날 바이코누르 우주기지Baikonur Cosmodrome라고 불리게 될 튜라탐 미사일 발사장은 몹시 추운 아침을 맞이했다.

"자, 우리가 탄생시킨 첫 번째 아이를 배웅하자."

로켓이 격납고에서 나올 때, 코롤료프는 로켓을 두드리며 감상에 젖은 듯이 말했다.

로켓은 눕힌 채 화물 열차에 실렸고, 열차는 발사대까지 2.4킬로미터 거리를 천천히 나아갔다. 그 뒤에 코롤료프를 선두로 기술자와 군인 들이 마치 종교의식처럼 엄숙하고 천천히 로켓이 실린 열차를 따라 걸어갔다. 50분 만에 발사대에 도착한 로켓은 천천히 수직으로 세워졌다. 하늘을 향해 우뚝 솟은 R7 로켓은 위풍당당했다.

로켓의 맨 위에는 원자폭탄이 아니라 크기가 배구공만 한 인공위성이 실려 있었다. 이 위성의 이름은 '단순한 위성 1호'라는 뜻을 가진 스푸트니크 1호였다.

스푸트니크를 쏘아 올릴 시각은 다음 날 22시 28분으로 결정되었다. 발사 전에 코롤료프와 군사령관은 발사대에서 약 100미터 떨어진 지하실로 들어갔다.

"푸스크(시동)!"

사령관이 지시하자, 병사가 버튼을 눌러 발사 과정을 시작했다. 이후로는 모두 자동으로 진행되었다. 코롤료프가 할 수 있는 일은, 말 그대로 인생을 바쳐 만든 로켓이 설계대로 날아오르기를 믿고 기다리는 것뿐이었다.

"점화!"라는 병사의 말과 함께, 로켓은 강렬한 불꽃을 내뿜으며 차가운 밤을 대낮처럼 환하게 비추었다. 지하실에도 강렬한 진동이 전해졌다. 몇 초 후, 엔진 출력이 최대에 달했을 때 로켓을 땅에 묶어 두었던 구속이 풀렸다. 자유를 얻은 로켓은 코롤료프가 소년 시절에 동경하던 하늘을 향해 높이, 아주 높이 날아올랐다.

박수와 환호가 터졌다. 하지만 발사한 지 8초 만에 경고등이 켜지자 모두가 침묵했다. 부스터 엔진에 이상이 생긴 것이다. 이제는 그저 지켜보는 수밖에 없었기에 몹시 애가 탔다. 1초가 1분처럼, 1분이 한 시간처럼 느껴졌다. 엔진에 이상이 있기는 했지만, 로켓은 계속 속도와 고도를 높였다.

"메인 엔진, 셧 오프!"

발사한 지 약 5분 후에 병사가 외쳤다. 연료를 모두 소진했다는 뜻인데, 예정보다 1초 빨랐다. 과연 R7 로켓은 비행 속도 초속 7.9킬로미터에 도달했을까? 만약 조금이라도 부족했다면, 스푸트니크는 금방 지구로 떨어지고 말 것이다.

초조한 나머지 코롤료프 일행은 지하실에서 뛰쳐나와 밖에 세워 둔 통신 차량으로 달려갔다. 통신 차량에서는 통신병 둘이 안테나를 하늘로 향한 채 스푸트니크에서 나오는 전파를 수신하려 하고 있었다.

"조용히 해 주십시오!"

통신병이 소리쳤다. 몰려온 이들은 입을 다물고 마른침을 삼키며 기다렸다. 온갖 불안이 코롤료프의 가슴을 스쳤다. 발사할 때의 맹렬한 진동 때문에 위성이 망가지지는 않았을까? 공기와의 마찰 때문에 녹아 버리지는 않았을까?

길고,

길고,

아주 긴 정적이 이어졌다.

삐익, 삐익, 삐익, 삐익…….

통신병이 귀에 댄 수신기에서 주기적인 소리가 흘러나왔다. 틀림없이 우주를 날고 있는 스푸트니크가 보낸 신호였다. 통신병은 흥분하며 외쳤다.

"신호가 왔습니다!"

그 순간 다들 환희에 찬 함성을 질렀다. 춤추고 뛰어오르고 울면서 서로를 끌어안았다. 환희의 중심에서 코롤료프가 말했다.

"이것은 그동안 그 누구도 들어 보지 못한 음악입니다."

쥘 베른이 쓴 『지구에서 달까지』가 세상에 나온 지 92년 만의 일이었다. 인류 문명의 유년기가 끝났음을 알리는 사건이었다. 이때 처음으로 우리는 지구라는 요람에서 벗어났기 때문이다.

60일만 있으면…

미 육군 탄도미사일국에 있던 베르너 폰 브라운의 사무실 전화벨이 울렸다. 전화를 받은 그는 아연실색했다. 그리고 속에서 분노가 폭발하듯 치밀어 올랐다. 탄도미사일국에는 마침 새 국방부 장관인 매켈로이Neil Hosler McElroy가 시찰을 나와 있었다. 화가 난 폰 브라운은 장관에게 분통을 터뜨렸다.

"우리도 이미 2년 전부터 할 수 있었던 일입니다! 제발 기회를 주십시오! 로켓이 지금 창고에 계속 처박혀 있습니다! 매켈로이 장관님, 우리는 60일만 있으면 인공위성을 쏘아 올릴 수 있습니다! 장관님 승인만 있으면 60일 만에 가능하다고요!"

그 자리에는 폰 브라운의 꿈을 이해해 주는 상사 메더리스John Bruce Medaris 장군도 있었다. 메더리스는 흥분한 폰 브라운을 제지하더니, 침착하게 말했다.

"아니, 베르너. 90일은 있어야 하네."

이튿날, 소련이 쏘아 올린 인공위성은 전 세계에서 신문 첫 면을 장식했다. 전 세계의 라디오에서도 "삐익, 삐익, 삐익, 삐익" 하는 스푸트니크의 음악을 계속 방송했다. 일반인도 무전기를 이용하면 이 음악을 직접 들을 수 있었다. 밤에는 미국에서도 스푸트니크가 발하는 빛을 맨눈으로 확인할 수 있었다. 대중은 스푸트니크에 담긴 "언제든 미국에 원자폭탄을 떨어뜨릴 수 있다"

라는 소련의 의도를 금방 알아차렸다. 미국은 공포와 혼란에 빠졌다.

미국 정부는 애써 태연한 척했다. 아이젠하워Dwight David Eisenhower 정권은 스푸트니크를 '쓸모없는 쇳덩어리'라고 부르며 미국 군사력은 여전히 우월하다고 역설했지만, 국민은 전혀 수긍하지 않았다. 어떻게 소련이 우주개발이라는 최첨단 분야에서 미국보다 앞서 나갈 수 있었단 말인가? 소련은 구닥다리 자동차밖에 만들지 못하는 기술 후진국이 아니었단 말인가? 소련의 기술은 어디까지 발전한 것인가? 소련이 미국도 하지 못한 일을 해냈단 말인가? 미국이 소련보다 기술력 면에서 뒤처져 있다면, 군사력 면에서도 열세라는 뜻인가?

미국은 세계의 시선도 의식해야 했다. 미국의 기술력은 세계 최고가 아니었단 말인가? 미국은 유일한 초강대국이 아니었단 말인가? 미국은 자신감에 깊은 상처를 입었다. 잃어버린 자부심을 되찾기 위해 국민들은 한시라도 빨리 미국도 인공위성을 쏘아 올리기를 원했다. 폰 브라운도 이번에야말로 자신의 차례라고 생각했다.

하지만 정부는 여전히 폰 브라운이 속한 육군 개발진보다 해군을 더 우선한다는 방침을 유지했다. 그러는 사이에 소련은 스푸트니크 2호 발사에도 성공했다. 미 해군도 온 국민의 기대를 한 몸에 받으며 인공위성을 쏘아 올렸지만, 발사 2초 만에 대폭발이 일어나면서 실패했다. 처절한 실패 때문에 미국은 더욱 자신감을 잃고 말았다.

정부는 그제야 겨우 조치를 취하기 시작했다. 폰 브라운에게 로켓 발사를 준비하라는 지시를 내린 것이다. 단, 어디까지나 준비일 뿐이고 발사 자체는 허락하지 않았다. 이는 이듬해 1월에 예정된 해군의 로켓 발사가 실패했을 경우를 위한 보험이었다.

1958년 1월 28일, 해군은 기술적인 문제 때문에 로켓 발사를 연기했다. 그리고 폰 브라운은 해군이 로켓을 수리하는 1월 29일부터 31일까지 3일간에 한하여 로켓 발사 허가를 받았다. 단 3일뿐이기는 했지만, 26년 동안 기다리고 기다리던 꿈을 향한 문이 마침내 열린 것이다.

마지막으로 남은 장애물은 날씨였다. 29일과 30일에는 강한 바람 때문에 포기할 수밖에 없었다. 기회는 이제 하루밖에 남지 않았다.

1월 31일 낮에 상공의 풍속을 조사하기 위해 관측용 기구를 띄웠다. 풍속은 120노트였다. 아슬아슬하기는 했지만, 로켓 발사 허용 범위였다. 결국 하늘도 폰 브라운의 고집과 열정을 인정해 준 모양이었다. 드디어 우주로 가는 길이 열렸다.

밤 10시 48분, 로켓 엔진에 불이 붙었다. 뿜어져 나온 제트는 뜨겁고 밝게 빛나서, 마치 폰 브라운의 열정 그 자체처럼 보였다. 26년 동안 계속 묶여 있던 꿈이 이제야 겨우 속박을 풀고 자유를 얻어 눈부신 흔적을 남기며 우주를 향해 항해했다.

미국 최초의 인공위성에는 익스플로러Explorer 1호라는 이름이 붙었다.

다음 날 새벽 1시, 기자회견에 도착한 폰 브라운을 수많은 기자가 맞이했다. 한 기자가 폰 브라운에게 회장에 있던 익스플로러 1호 모형을 들고 자세를 취해 달라고 부탁했다. 이에 폰 브라운은 흔쾌히 응했다. 그는 마치 소년 같은 천진난만한 미소를 짓고 있었다.

하지만 그의 마음에는 후회와 비슷한 응어리가 남아 있었던 모양이다. 그가 만든 로켓이 확실히 우주로 가기는 했지만, 최초의 성공은 아니었기 때문이다.

드디어 지구 밖으로!

미국뿐만 아니라 소련의 정치가에게도 사람들이 스푸트니크에 보인 반응은 무척 놀라운 일이었다. 작은 인공위성이 이토록 주목을 받으며 사람들에게 열광적인 흥분과 충격을 안겨 줄 것이라고는 상상하지 못했기 때문이다. 그 후로 여기에 맛을 들인 소련과 초조해진 미국은 우주개발에 막대한 국가 예산을 쏟아붓기 시작했다.

폰 브라운이 익스플로러 1호 발사에 성공하고 반년 후, 미국에서는 새로운 국가기관이 발족했다. 미국항공우주국National Aeronautics and Space Administration, NASA, 바로 나사였다. 1960년에는 폰 브라운이 속한 육군 탄도미사일국도 나사로 이관되어 마셜우주비행센터Marshall Space Flight Center가 되었다(필자가 근무하고 있는 JPL도 이때 육군에서 나사로 이관되었다). 폰 브라운은 마침내 미사일 개발에서 해방되어 우주개발에 전념할 수 있는 환경을 손에 넣었다. 이제는 자금을 모으느라 동분서주할 필요도 없었다.

기술이란 천재의 머리에서 무한히 샘솟는 것이 아니다. 기술개발에는 돈이 든다. 1960년대에 우주개발이 폭발적으로 진행될 수 있었던 것은 바로 막대한 자금 투입 덕분이었다. 스푸트니크 발사부터 고작 4년 후인 1961년, 세계 최초 우주 비행사인 가가린Yuri Alekseyevich Gagarin이 코롤료프가 개발한 R7 로켓을 타고 우주로 날아올랐다. 그는 "지구는 푸른빛이었다"라는 시적인 말과 함께 돌아왔다. 그로부터 3주 후에는 미국 최초 우주 비행사인 앨런 셰퍼드Alan Bartlett Shepard Jr.가 폰 브라운의 레드스톤 로켓으로 우주 탄도비행을 했다.

확실히 우주개발은 냉전 중의 선전 활동이었다. 이는 부정할 수 없는 사실이다. 하지만 사람들이 자주 놓치는 점이 있는데, 왜 하필이면 '우주'였냐는 부분이다. 핵실험, 군사훈련, 군사 행진 등 직접적인 방법이 아니라, 굳이 우주개발이라는 간접적인 방법으로 국력을 과시했던 이유는 무엇일까?

이는 그 '무언가'가 폰 브라운과 코롤료프뿐만이 아니라 다른 사람들 마음속에도 존재했기 때문이다. '무언가'는 과학소설과 TV 방송 등을 통해 전 세계 사람들 마음속에 파고들었다. 사람들은 핵미사일로 서로를 공격하는 파멸적인 미래가 아니라, 달과 화성으로 자유롭게 여행하는 진취적인 미래를 원했다. 그래서 전 세계 사람들은 고급 자동차나 원자폭탄을 만든 나라가 아니라, 최초로 우주 비행에 성공한 나라야말로 과학기술 선진국이라고 여긴 것이다.

참으로 역설적이게도, 원래 미사일로 개발된 R7과 레드스톤은 결국 단 한 번도 무기로 쓰이지 않았다. R7과 레드스톤은 액체연료로켓이다. 앞에서 설명한 바와 같이 액체연료로켓은 우주로 가는 데 안성맞춤이지만, 연료를 탑재한 채로 보관할 수 없고 신속하게 운용하기 힘들다는 단점 때문에 무기로 쓰기에는 부적절하다. 그래서 결국 미사일을 만들 때에는 신속하게 운용할 수 있는 고체연료로켓을 사용하곤 한다. 물론 폰 브라운과 코롤료프가 정의감 때문에 일부러 쓸모없는 무기를 만들었다는 뜻은 아니다. 그저 우주를 꿈꾸는 마음에서 태어난 기계는, 역시 우주를 비행하는 데 적합했다는 것뿐이다. 우주개발이 냉전 시대의 선전 활동에 이용당한 것이 아니다. 오히려 이를 이용한 것이다.

폰 브라운은 나사 마셜우주비행센터를 이끌며, 윤택한 자금을 이용해 역사상 가장 큰 로켓을 완성했다. 바로 새턴 V였다. 무게는 3000톤으로 V2의 200배나 되었으며, 높이는 110미터였다. 현재까지도 이보다 큰 로켓은 만들어진 적이 없다.

1968년에 새턴 V를 이용한 아폴로 8호가 우주 비행사 세 명을 태우고 지구에서 달 궤도를 향해 발사되었다. 비록 달에 착륙하지는 못했지만, 인류는 최초로 지구 중력권을 벗어나 다른 천체 주변을 돌고 왔다. 아폴로 8호의 여정은 100년 이상 전에 쓰인 쥘 베른의 『지구에서 달까지』 줄거리와 똑 닮았다. 세 사람은 미국 플로리다에서 출발해, 달 궤도에서 달 표면을 관찰한 후 태평양으로 돌아왔다. 전 세계 아이들과 로켓의 아버지들이 열광한 과학소설은 100년이라는 세월을 거쳐 마침내 현실이 된 것이다.

대체 무엇이 원동력이었을까? 로켓의 아버지들이 미쳤다는 둥 이상한 사람이라는 둥 조롱당하던 시대부터 고작 50년밖에 지나지 않았다. 인류를 우주로 향하게 만든 힘은 대체 어디서 나왔을까? 무엇이 인류의 유년기를 끝낸 것일까?

바로 그 '무언가'다. 쥘 베른, 로켓의 아버지, 폰 브라운, 코롤료프, 그리고 스푸트니크를 지켜본 사람들 마음속에서 전율하고, 꿈틀거리고, 속삭인 그 '무언가'다.

독자 여러분도 이것이 무엇인지 짐작할 것이다. 왜냐면 여러분의 마음속에도 있기 때문이다. 그러니 앞으로도 그냥 '무언가'라고 불러도 문제는 없을 것이다. 다만, 굳이 이름을 붙여야 한다면 나는 '상상력'이라고 부르겠다.

상상력이란 바이러스 같다. 바이러스는 스스로 움직이지도 못하고 호흡할 수도 없다. 다른 생물의 몸에 들어가 숙주로 삼고, 숙주를 이용해서 자신을 복제하여 퍼뜨린다. 상상력 자체에는 물리적, 경제적, 정치적인 힘이 없다. 하지만 과학자, 기술자, 소설가, 예술가, 상인, 독재자, 정치가, 대중의 마음속에 들어가 꿈, 호기심, 창조성, 공명심, 욕망, 야망, 타산, 소원을 교묘하게 이용하여 자신을 복제하고 퍼뜨리며 결국 숙주의 꿈을 현실로 만들고 만다.

나도 일곱 살 때 '무언가'에 감염된 후 이용당하고 있다. '무언가'는 내게 화성 탐사차의 소프트웨어 개발을 시켜서 외계 생명체와의 조우라는 꿈을 이루려 하고 있다. 또한 '무언가'는 내가 이 책을 쓰게 만들었다. 이 책의 행간에도 '무언가'는 숨어 있다. 그리고 독자인 당신의 마음속에 숨어들어, 당신을 이용할 기회를 노리고 있을 것이다.

바이러스가 숙주를 죽이면서 퍼지는 것처럼 쥘 베른의 소설을 출판한 회사는 인수되어 없어졌고, 히틀러의 야망은 무너졌으며, 흐루쇼프는 실각하고, 냉전은 끝났으며, 소련은 붕괴했다. 하지만 우주를 향한 상상력은 살아남았다. 그리고 오늘날에는 민간 기업이 우주개발의 주인공이 되려 하고 있다. 이제 상상력은 자본주의라는 시스템에 기생하며, 더욱더 높은 곳을 향해 날아오르려 한다.

경제적·정치적인 욕망과 야망은 단기적으로 보면 거대해 보이지만, 결국 한 사람의 힘일 뿐이다. 사람은 언젠가 죽는다. 죽으면 그 사람의 욕망과 야망은 이 우주에서 사라지고 만다. 그리고 겨우 80년 정도인 사람의 일생은, 우주에서 보면 마치 별똥별이 떨어지는 것처럼 한순간일 뿐이다. 이 시간 동안 개인이 할 수 있는 일이라고 해 봤자 가장 작은 태양흑점보다 더 작은 제국을 세우고 우쭐한다거나, 얼마간 재산을 모아 순간적인 만족에 빠지는 정도일 것이다.

다른 별로 간다는 거대한 사업을 달성하려면 오랜 시간이 걸린다. 지구에서 달로 가는 데에만 100년이 걸렸다. 인류나 인류를 잇는 종이 태양계, 다른 항성계, 그리고 은하계 끝까지 진출하려면 수천 년, 수만 년, 어쩌면 수억 년이 걸릴지도 모른다. 이러한 일은 오직 상상력만이 실현할 수 있다. 왜냐면 상상력은 사람에서 사람으로, 세대에서 세대로 넘어갈 수 있기 때문이다. 국적, 인종, 종교, 이념과 상관없이 만인이 공유할 수 있기 때문이다.

폰 브라운과 달 로켓인 새턴 V ©NASA

억만장자가 세상을 떠나고, 세계적인 기업이 사라지고, 독재자가 쓰러지고, 강대국이 붕괴하고, 시대가 변하고, 문화가 변하고, 사상이 변하고, 가치관이 변하고, 강이 마르고, 들판이 불타고, 산이 무너지고, 육지가 바다에 잠기고, 바다에서 육지가 솟아나더라도, 인간이 존재하는 한 밤하늘을 올려다보며 먼 곳을 꿈꾸는 마음은 절대 사라지지 않을 것이기 때문이다.

쥘 베른은 이런 말을 남겼다고 한다.

"사람이 상상할 수 있는 것은 모두 실현할 수 있다."

최초의 변방

지구를 테니스공만 한 크기(지름 6.7센티미터)로 줄여서,
당신 손바닥 위에 놓았다고 상상해 보자.

달은 2미터 떨어진 유리구슬(지름 1.8센티미터)이다.
금성은 220미터 떨어진 또 다른 테니스공(지름 6.4센티미터),
화성은 390미터 떨어진 탁구공(지름 3.5센티미터),
수성은 480미터 떨어진 방울토마토(지름 2.5센티미터),
태양은 730미터 떨어진 이층집만 한 크기(지름 7.3미터),
목성은 3.3킬로미터 떨어진 조금 큰 짐볼(지름 73센티미터),
토성은 6.7킬로미터 떨어진 좀 더 작은 짐볼(지름 61센티미터),
천왕성은 14킬로미터 떨어진 농구공(지름 27센티미터),
해왕성은 23킬로미터 떨어진 또 하나의 농구공(지름
26센티미터)이다.

눈을 감고 상상해 보자. 당신 손바닥 위에 있는 테니스공과
23킬로미터 너머에 있는 농구공 사이에 펼쳐진 공간을 말이다.

만약 이들 세계까지 고속철도(시속 300킬로미터)를 타고 가면
얼마나 걸릴지를 말이다.

달까지는 53일 걸린다.
금성까지는 16년,
화성까지는 28년,
수성까지는 35년,
태양까지는 57년,
목성까지는 240년,
토성까지는 480년,
천왕성까지는 1000년,
해왕성까지는 1700년이 걸린다.
태양과 가장 가까운 항성인 프록시마켄타우리Proxima Centauri까지는 1500만 년이 걸린다.

흔히 '우주는 최후의 변방'이라고들 하는데, 이는 잘못된 말이다.
그저 지구가 최초의 변방이었을 뿐이다.

작은 한 걸음

어떤 새도 상상력보다 더 높이 날지는 못할 것이다.

- 데라야마 슈지寺山修司, 『롱 굿바이ロング・グッドバイ』

아폴로는 어떻게 달에 갈 수 있었을까?

부디 생각해 봤으면 한다. 아폴로 11호가 달에 착륙한 1969년에는 휴대전화도 디지털카메라도 내비게이션도 없었으며, 전자레인지와 에어컨도 거의 보급되지 않았다. 사람들은 레코드판으로 비틀즈 음악을 들었으며, 아이들은 컬러 TV가 있는 부잣집에 모여서 만화영화와 프로야구를 봤다. 비행기는 도쿄에서 뉴욕으로 곧장 가지 못하고 알래스카에서 연료를 보충해야 했으며, 컴퓨터는 거의 보급되지 않았고, 탁상용 전자계산기는 매우 큰 데다 수십만 엔씩이나 했다. 이러다 보니 달 착륙이 날조라는 음모론을 믿는 사람까지 있을 정도다. 어떻게 그런 시대에 인류는 달에 가는 대사업을 이룰 수 있었을까?

우주 비행사의 활약 덕분일까? 확실히 용감하고 똑똑한 우주 비행사가 내린 정확한 판단 덕분에 임무 중 위기를 넘긴 적은 많았지만, 그렇다고 우주 비행사의 힘만으로 달에 갈 수 있었던 것은 아니다.

정치적 요인 때문이었을까? 확실히 케네디 대통령의 카리스마와 냉전이라는 상황이 없었으면 아폴로계획은 시작되지 않았을 것이다. 하지만 정치가가 예산을 배정하고 연설한다고 해서 마법처럼 우주선과 로켓이 생겨나지는 않는다.

아폴로계획에 관여한 사람은 40만 명이나 된다. 기술자와 과학자뿐만 아니라 보이지 않는 곳에서 활약한 사무원, 건설 노동자, 운전기사 등도 많았다. 40만 명이 자부심과 책임감을 가지고 인류를 달로 보낸다는 한 가지 목표를 위해 일하고 있었다.

이런 일화가 있다. 1962년에 케네디 대통령이 나사를 시찰하러 왔을 때, 복도에 빗자루를 든 청소 노동자가 있었다. 케네디는 잠시 시찰을 중단하고 말을 걸었다.

"당신은 어떤 일을 하고 있나요?"

그러자 그는 가슴을 당당히 펴며 자랑스럽게 답했다.

"저는 인류를 달로 보내는 일을 돕고 있습니다!"

아폴로는 어떻게 달로 갈 수 있었을까? 그 열쇠는 정치가의 연설이 아니라, 현장 기술자의 창의성 속에 있지 않았을까? 달에 발을 디딘 우주 비행사 열두 명의 화려한 활약보다 오히려 이름 없는 40만 명의 고된 노력 속에 있지 않았을까?

이 장에서는 눈에 띄지 않는 곳에서 아폴로계획을 위해 공헌한 기술자를 중심으로 이야기를 진행하겠다. TV에 자주 나오는 우주 비행사의 영웅담뿐만 아니라, 기술자가 술자리에서 친구에게 했을 법한 이야기를 풀어내고자 한다. 하향식이 아니라 상향식, 즉 밑바닥부터 바라보는 관점으로 "어째서 아폴로는 달에 갈 수 있었을까?"라는 질문에 대한 답을 찾아보고자 한다.

예를 들어 나사 랭글리연구소NASA Langley Center에 존 후볼트John Houbolt라는 기술자가 있었다. 눈이 크고 눈초리가 위로 치켜 올라갔으며 입꼬리는 내려가 있어서, 마치 얼굴에 완고하다고 쓰여 있는 듯했다. 무명 기술자였던 후볼트는 나사 상층부에 이의를 제기했으며, 기존과 다른 참신한 아이디어를 완고하게 주장했다. 이는 주제넘은 짓이라고 비난당했지만, 결과적으로 그 아이디어가 없었으면 케네디가 내건 '1960년대가 끝날 때까지 인류를 달로 보낸다'는 목표를 달성하지 못했을 것이다.

또한, 마거릿 해밀턴Margaret Heafield Hamilton이라는 매사추세츠 공과대학Massachusetts Institute of Technology, MIT의 젊은 여성 프로그래

머가 있었다. 둥근 안경과 어깨 아래까지 내려오는 곱슬머리 덕분에 다정한 얼굴이 더욱 온화해 보였다. 해밀턴은 '소프트웨어'라는 말조차 없던 시절에 혁신적인 소프트웨어를 개발했다. 이는 아폴로 11호를 착륙 직전에 발생했던 위기에서 구했다.

두 사람에게 아폴로계획은 곧 싸움이었다. 기술적인 문제와의 싸움이었고, 제한된 시간과의 싸움이었으며, 상식과의 싸움이었고, 권위와의 싸움이었다. 그곳에는 수식과 도면과 실험뿐만이 아니라, 협상과 희로애락과 인간적인 드라마가 있었다. 이 싸움의 과정을 이제부터 풀어내 보겠다.

숫자는 거짓말을 하지 않는다고?

1969년 7월 20일, 휴스턴, 12시 18분

전 세계 2억 명의 시선이 TV로 향해 있었다. 사상 최초로 달 착륙을 시도하는 아폴로 11호에 탄 우주 비행사 세 사람을 바라보고 있던 것이다.

"그럼 고양이들아, 마음 편히 달에 다녀와라. 만약 가서 헉헉거리면 비웃어 주지."

이렇게 말하면서 사령선에 남은 마이클 콜린스Michael Collins가 버튼을 누르자, 닐 암스트롱Neil Alden Armstrong과 버즈 올드린Buzz Aldrin을 태운 달 착륙선이 사령선과 분리되었다. 세 사람 중 암스트롱과 올드린만이 달에 착륙할 수 있었다. 그러는 동안 콜린스가 탄 사령선은 달 표면에서 겨우 100킬로미터 떨어진 곳을 빙빙 돌며 기다렸다. 손을 뻗으면 닿을 것만 같은 거리였지만, 콜린스는 달에 내릴 수 없었다. 사령선을 지키는 임무가 주어졌기 때문이다.

그 무렵 휴스턴에 있는 나사 유인우주선센터Manned Spacecraft Center 귀빈실에서는 이번 장의 주인공인 존 후볼트가 우주 비행사의 대화를 마른침을 삼키며 듣고 있었다. 후볼트 앞에는 나사 마셜우주비행센터의 책임자가 된 폰 브라운이 앉아 있었다. 쟁쟁한 인물들이 가득한 귀빈실에서 후볼트는 의심할 여지없이 이질적인 존재였다. 후볼트는 귀빈 대접을 받을 만한 직위가 아니었으며, 방 안에 있는 사람들 대부분이 그를 몰랐다.

왜 이런 무명 기술자가 귀빈실에 초청된 것일까?

이는 후볼트가 '달에 가는 방법'에 관한 상식을 뒤집어 버렸기 때문이었다.

1_마거릿 해밀턴 ©NASA
2_존 후볼트 ©NASA
3_아폴로 사령선 ©NASA
4_달 착륙선 ©NASA
5_1961년에 그려진 아폴로 우주선 상상도. 직접 발사 방식을 위한 우주선이기에 몹시 크다. ©NASA

앞쪽 그림을 보자. 이는 1961년 시점의 아폴로 우주선 구상도인데, 옆쪽에 있는 실제 우주선과는 아주 다르게 생겼다. 우선 너무 큰데, 높이가 27미터나 된다. 게다가 사령선이 따로 없고 우주선이 그대로 달에 착륙하고 있다.

이것이 당시에 고려하던 '달로 가는 방법'이었는데, 훗날 실제로 택한 방법과 매우 달랐다. 〈그림 2〉와 같이 우주 비행사 세 명을 태운 우주선은 지구에서 날아올라 달에 착륙한다. 즉, 아무도 달 궤도에서 대기하지 않기에 세 사람이 모두 달에 발을 내디딜 수 있다는 뜻이다. 이후 우주선은 달에서 이륙하여 지구로 돌아간다.

이러한 방법을 '직접 발사 방식'이라고 한다. 직접 발사 방식에서는 달에서 이륙하기 위한 연료뿐만 아니라 지구로 돌아가기 위한 연료까지 모두 싸 들고 달 표면에 착륙해야 한다. 자연히 우주선의 덩치가 커질 수밖에 없고, 이를 쏘아 올릴 로켓은 더욱 커야 한다. 그래서 '노바Nova'라는 로켓이 구상됐는데, 이는 실제로 아폴로계획에 쓰인 새턴 V보다 2.5배나 큰 괴물 같은 로켓이었다.

아폴로 우주선 설계에서 중심적인 위치에 있었던 사람은 바로 나사 랭글리연구소의 기술자인 맥스 파제Maxime Allen Faget였다.

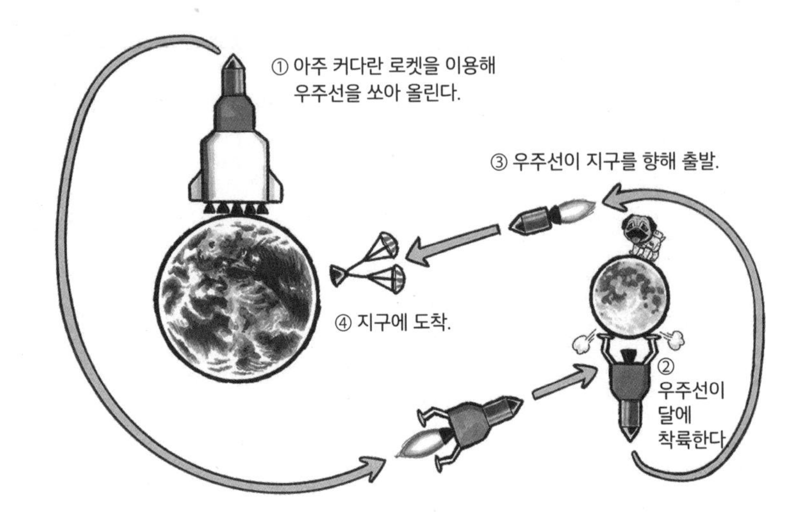

〈그림 2〉 직접 발사 방식

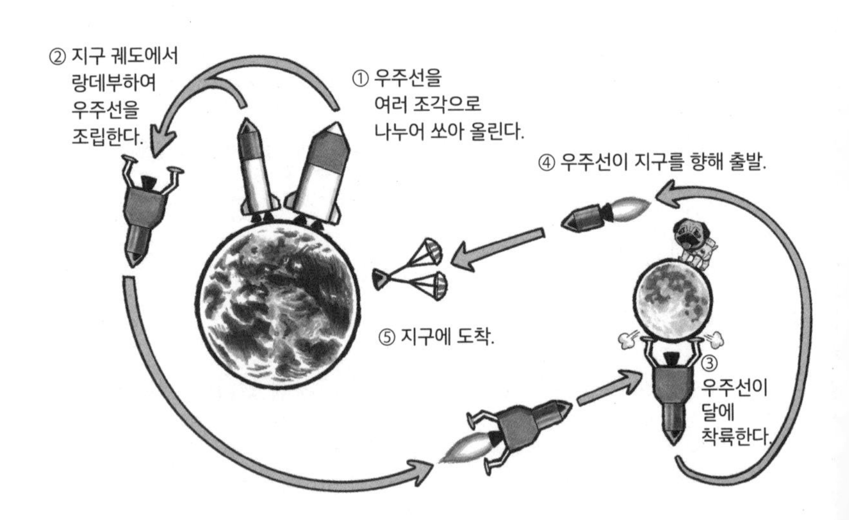

〈그림 3〉 지구 궤도 랑데부 방식

파제는 30대 시절에 미국 최초의 유인우주선인 머큐리Mercury의 설계를 주도하면서 이름을 날렸다. 또한 예술가 기질이 있는 데다 까다로운 성격이라서, 다른 사람이 작업한 결과물이 마음에 안 들면 가차 없이 매도했다. 키는 165센티미터로 미국인치고는 작은 편이었지만, 누구보다도 기가 세고 당당했다. 파제는 자기 자신이 옳다는 절대적인 자신감을 지니고 있었다. 실제로 파제의 직감은 대부분 상황에서 적중했다.

파제도 처음에는 직접 발사 방식을 옹호했다. 예술가적 기질을 지닌 그는 간결하고 우아한 설계를 선호했다. 그래서인지 직접 착륙하고 직접 귀환한다는 단순함이 그의 직감에 와 닿았던 모양이다.

한편 로켓 개발을 지휘하던 폰 브라운은 〈그림 3〉에 묘사된 '지구 궤도 랑데부 방식'으로 달에 가야 한다고 주장했다. 우선 우주선을 몇 개로 나누어 각각 쏘아 올린 다음, 지구 궤도상에서 조립한다. 그다음부터는 직접 발사 방식과 똑같다. 달에 착륙해서 셋이서 사이좋게 달 표면을 거닐다가 귀환하면 된다.

폰 브라운의 방식을 보면 따로따로 쏘아 올린 우주선 조각들이 지구 궤도에서 만나 도킹해야 한다. 우주에서 우주선이 만나

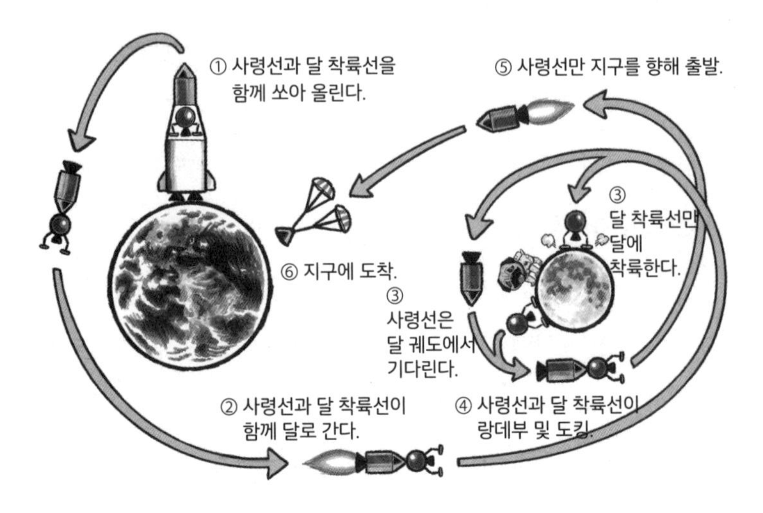

〈그림 4〉 달 궤도 랑데부 방식

는 것을 전문용어로 '랑데부'라고 한다(프랑스어로 데이트라는 뜻이다). 그래서 이 아이디어를 '지구 궤도 랑데부 방식'이라고 부른다. 이 방식이라면 거대한 노바 로켓은 필요 없다. 대신 새턴 V 로켓을 여러 번 쏘아 올려야 한다. 게다가 달 표면에 거대한 우주선을 어떻게 착륙시키느냐는 문제도 여전히 남는다.

당시에는 이 두 가지 방식을 제외한 다른 방법이 있으리라고는 아무도 상상하지 못했다. 그리고 둘 다 기술적으로 대단히 어려운 방법이었다.

이때 기발한 '세 번째 방식'을 주장하는 이가 나타났다. 바로 존 후볼트였다. 역사를 통해 아폴로계획을 배운 우리가 보기에는 후볼트의 주장이 너무나 당연하게 느껴질 것이다.

〈그림 4〉처럼 우선 사령선과 달 착륙선을 묶어서 한꺼번에 쏘아 올린다. 달 궤도에 도착하면 이 둘을 분리하여 달 착륙선만 달 표면에 착륙하고 사령선은 달 궤도에서 대기한다. 달 탐사를 끝낸 다음 달 착륙선은 달 궤도로 올라와 사령선과 랑데부하여 도킹한다. 우주 비행사가 사령선에 옮겨 타면 달 착륙선은 버리고 사령선만 지구로 귀환한다. 달 궤도에서 랑데부해야 하므로, 이 방법을 '달 궤도 랑데부 방식'이라고 부른다.

이 방식이라면 지구로 귀환하기 위한 연료는 달 궤도에 남겨둘 수 있으니 달 착륙선을 훨씬 더 작게 만들 수 있었다. 이를 쏘아 올릴 로켓도 새턴 V 한 대면 충분했다. 즉, 직접 발사 방식과 지구 궤도 랑데부 방식의 단점을 한 번에 극복하는 획기적인 발상이었다.

하지만 당시에는 아무도 후볼트가 제안한 아이디어를 진지하게 고려하지 않았다. 파제는 냉혹하게 내뱉었다.

"자네가 내놓은 숫자는 거짓투성이로군."

물론 파제가 아무 이유 없이 달 궤도 랑데부 방식을 깎아내린 것은 아니었다. 당시 기술로는 랑데부의 위험부담이 너무 컸다. 만약 달 궤도 랑데부에 실패하면 달 착륙선에 탄 우주 비행사는 지구로 돌아올 방법이 없다. 그러면 사령선에 남은 우주 비행사는 살아 있는 동료를 내버려 둔 채 지구로 귀환해야 한다. 남겨진 동료의 마지막 목소리를 전파를 통해 들으면서 말이다. 만약 지구 궤도 랑데부 방식이라면 설사 랑데부에 실패한다 해도 지구로 안전하게 돌아올 수 있다.

랑데부는 왜 어려울까? 한번 상상해 보자. 달이 지구보다 작다고는 하지만, 표면적은 아프리카 대륙보다 넓다. 아프리카 대륙 어딘가에 있는 사자 두 마리가 GPS도 없이 약속한 시각에 만나는 일이 가능할까? 게다가 사령선은 시속 6000킬로미터라는 엄청난 속도로 움직이고 있고, 속도를 정확히 맞추지 못하면 도킹은 불가능하다. 기회는 단 한 번뿐이며, 실패하면 우주 비행사는 죽는다.

이러니 위험부담이 너무 크다고 볼 수밖에 없었다. 후볼트는 몇 번이나 달 궤도 랑데부 방식을 주장했지만, 주변 반응은 언제나 똑같았다.

"미친 생각이야."

후볼트는 왜 자기 생각을 굽히지 않았을까? 동료를 죄다 적으로 만들고, 자신의 평가와 경력을 위태롭게 하고, 윗사람에게 매도를 당하면서도 달 궤도 랑데부 방식을 포기하지 않았던 이유는 무엇일까? 동료의 충고에 귀를 기울이고 대세를 따르는 편이 더 쉽지 않았을까?

완고한 후볼트는 그렇게 생각하지 않았던 모양이다. 그는 이렇게 내뱉었다.

"역시 그 녀석들은 멍청해."

그러고는 달 궤도 랑데부 방식을 계속 연구했다.

후볼트는 상식보다 자신이 계산한 결과를 더 신뢰했다. 그리고 연구를 진행할수록 달 궤도 랑데부가 가장 좋은 방법이라는 생각이 더욱더 확고해졌다. 끈질긴 설득으로 후볼트 의견에 귀를 기울이는 사람이 하나둘 생겨나기 시작했지만, 이런 거북이 걸음 같은 방법으로 나사라는 거대한 조직을 움직이려면 수백 년이 걸릴지도 모를 일이었다.

그래서 1961년에 후볼트는 자신보다 몇 단계나 위에 있는 상사인 나사 부국장 로버트 시먼스Robert Channing Seamans Jr.에게 직접 편지를 썼다. 물론 원칙적으로 생각하면 절대 해서는 안 될 일이었다. 이 편지는 성서에서 인용한 말로 시작한다.

"광야에서 외치는 자의 소리와 같이 몇 가지 생각을 말씀드리고 싶습니다."

그러고는 열정적으로 달 궤도 랑데부 방식의 장점을 설명한 후, 이런 말과 함께 재고를 당부했다.

"당신은 달에 가고 싶나요? 아니면 가기 싫은 것인가요?"

나사 상층부는 이 편지를 돌려 봤고, 한 고관은 이렇게 평했다.

"후볼트 박사는 조직의 규칙을 어기긴 했지만, 주장하는 바를 보면 동의할 만한 부분이 상당히 많다."

이 편지를 계기로 나사 본부도 조금씩 변하기 시작했다.

그 무렵 랭글리연구소에서는 파제가 이끄는 우주선 설계 작업이 수많은 난관에 부닥치고 있었다. 어떻게 해야 달에 착륙하는 기능과 지구로 돌아오는 기능을 모두 탑재한 우주선을 만들 수 있을까? 거대한 우주선이 달에 착륙할 때, 어떻게 시야를 확보할 수 있을까?

이러한 문제를 우아하게 해결할 방법이 딱 하나 있었다. 바로 달 궤도 랑데부 방식이었다. 달 궤도 랑데부 방식이라면 지구로 돌아올 우주선과 달 착륙선을 따로따로 만들면 되는 데다가, 우주선을 훨씬 더 작게 만들 수 있다. 달 궤도에서 랑데부해야 한다는 점이 문제지만, 후볼트가 연구한 결과 생각보다 어렵지 않다는 사실이 밝혀졌다. 그리하여 서서히 달 궤도 랑데부를 지지하는 사람이 늘어났다. 강경하게 직접 발사 방식을 주장하던 파제도 어느새 생각을 바꾸었다.

물론 파제는 몹시 자존심이 강해서 자신이 틀렸다는 사실도 후볼트의 업적도 절대 인정하지 않았다. 수년 후에 파제는 파티에서 후볼트를 만나자 이렇게 말했다고 한다.

"달 궤도 랑데부 방식이 최고라는 사실은 누구나 5분만 생각해 보면 알 수 있어."

고독한 싸움, 드디어 결실을 보다

그 무렵 나사 랭글리연구소에 갑작스러운 소식이 전해졌다.

"뭐라고? 휴스턴? 왜 그딴 시골에 가야 하는데!"

파제는 아마 이렇게 소리 질렀을 것이다. 왜냐면 파제의 팀에게 랭글리연구소를 떠나 텍사스주 휴스턴에 새로운 나사 센터를 차리라는 명령이 떨어졌기 때문이다. 너무나 갑작스러운 지시였다. 미국인에게 텍사스는 이른바 아열대 불모지 같은 곳이다. 뜨거운 태양, 더운 날씨, 땅끝까지 이어진 목장, 수많은 소……. 물론 휴스턴은 대도시였지만, 랭글리연구소가 있는 버지니아와는 문화가 전혀 다르니 거의 귀양살이나 다름없었다.

그리하여 휴스턴 교외에 나사 유인우주선센터가 설립되었고(훗날 존슨우주센터Lyndon B. Johnson Space Center로 개명했다), 기술자 700명은 마지못해 그곳으로 옮겨 갔다. 파제는 새로운 센터의 중심인물이 되었다.

한편 후볼트는 휴스턴으로 가지 않았다. 발령이 나지 않았는지, 아니면 후볼트 자신이 거부했는지는 알 수 없다. 어느 쪽이었든 후볼트는 랭글리연구소에 남았기에, 더는 달로 가는 방법에 관한 논쟁에 참여하지 못했다. 다만, 동료들이 휴스턴으로 옮겨 갈 무렵에는 다들 달 궤도 랑데부 방식을 지지하고 있었다.

하지만 아직 가장 큰 적이 남아 있었다. 바로 폰 브라운이었다. 폰 브라운과 그가 이끄는 나사 마셜우주비행센터는 지구 궤도 랑데부 방식을 고집했다. 그 이유 중 하나는 매우 정치적이었다. 지구 궤도 랑데부 방식은 지구에서 로켓을 여러 대 쏘아 올려야 하므로, 자연히 로켓을 담당하는 마셜에서 할 일이 많아진다. 한편 달 궤도 랑데부 방식이라면 상대적으로 휴스턴에서 할 일이 많아진다. 말하자면 센터 간 주도권 싸움이었던 셈이다.

1962년 4월, 이제 막 이사를 마친 휴스턴의 주요 구성원은 마셜우주비행센터로 출장을 왔다. 이때 후볼트는 함께 가지 않았고, 대신 한때 후볼트의 주장을 막무가내로 부정했던 파제가 달 궤도 랑데부 방식의 이점을 폰 브라운에게 설명했다.

회의가 끝나자 방안에는 긴 침묵이 흘렀다. 마셜의 우수한 기술자들은 달 궤도 랑데부 방식의 이점 자체는 이해했을 것이다. 하지만 그들은 고집을 꺾지 않았다.

1962년 6월, 이번에는 나사 본부 인사들이 마셜에서 회의를 열었다. 폰 브라운의 부하들은 필사적으로 지구 궤도 랑데부 방식을 지키려 했다.

폰 브라운은 이를 조용히 듣고 있었다. 그는 무슨 생각을 했을까? 어쩌면 어렸을 때의 꿈을 떠올렸는지도 모른다. 열세 살 때

어머니에게 생일 선물로 받은 망원경으로 폰 브라운은 달을 수도 없이 들여다봤다. 그곳으로 인류를 보내는 일이야말로 그의 꿈이었다. 그는 달에 가고 싶었다. 누구보다도 가고 싶었다.

총명한 폰 브라운은 달 궤도 랑데부 방식이 더 낫다는 사실을 이미 이해하고 있었을 것이다. 하지만 만약 달 궤도 랑데부 방식이 채택되면 자신이 소속된 센터가 주도권을 잃고, 예산이 줄고, 최악의 경우에는 부하를 해고해야 할 수도 있었다. 그래도, 그는 꿈을 이루고 싶었다. 어찌 보면 지극한 이기심이었다.

6시간에 걸친 회의 끝에, 폰 브라운은 일어서서 부하들에게 말했다.

"여러분, 오늘 회의는 정말 재미있었고 최선을 다했다고 생각합니다. 확실히 지구 궤도 랑데부 방식은 실현 가능합니다. 하지만 1960년대가 끝나기 전에 달 착륙을 성공시킬 가능성이 가장 높은 방식은 바로 달 궤도 랑데부 방식입니다. 따라서 이를 우리 방침으로 삼고자 합니다."

말투는 대단히 정중했지만, 독단이었다. 회의실은 침묵에 휩싸였다. 이 침묵은 수동적인 동의를 뜻했다. 그리하여 아폴로계획의 주도권은 휴스턴으로 넘어갔다.

후볼트의 완고하고 고독한 싸움은 이렇게 결실을 보았다. 그런데 참으로 역설적이게도, 달 궤도 랑데부 방식이 나사 전체의 방침이 되자 후볼트라는 일개 기술자의 이름은 점차 잊히고 말았다. 후볼트는 회의에 불리기는커녕 회의가 있는지도 몰랐다. 달 궤도 랑데부 방식은 유명해졌지만, 후볼트는 여전히 무명이었다.

후볼트는 어떤 기분이었을까? 분했을까? 아니면 자신이 뿌린 씨앗이 꽃을 피우는 모습을 지켜보는 것만으로도 만족했을까? 어쩌면 후볼트는 파제와 폰 브라운만큼 자존심이 강하지는 않았는지 모른다. 하지만 공명심은 누구에게나 있다. 부모 이름을 모르는 자식이 훌륭하게 성장하는 모습을 먼발치에서 바라볼 수밖에 없었던 후볼트의 마음은 어땠을까?

프로그램 경고 1202

1969년 7월 20일, 휴스턴, 15시 06분

아폴로 11호의 달 착륙선이 사령선에서 분리된 지 세 시간 정도 지났을 무렵이었다. 올드린은 컴퓨터의 'PROCEED 버튼'을 누르며 기계적으로 "점화"라고 말했다. 달 착륙선의 하강 엔진이 불을 뿜으며 착륙을 위해 감속하기 시작했다. 겨우 2미터 아래에서 엔진이 불을 뿜고 있었지만, 이 소리는 진공에 가로막혀서 암스트롱과 올드린의 귀에는 전혀 들리지 않았다. 달을 등지고 나는 달 착륙선 창문을 통해, 칠흑 같은 우주에 떠 있는 푸르고 아름다운 지구가 보였다. 바로 그때였다.

"삑, 삑, 삑, 삑……."

헬멧 속에서 날카로운 경보음이 울렸고, 컴퓨터에서 'PROG'라고 적혀 있는 경고등이 노란 빛으로 깜박였다.

"프로그램 경고."

암스트롱이 침착한 목소리로 말했다. 올드린은 컴퓨터를 조작해 오류 원인을 확인했다. 그러자 기계적인 네 자리 숫자가 나타났다.

"1202."

올드린은 휴스턴에 이 숫자를 보고했다. 훈련에서는 경험한 적이 없는 오류였다.

"1202."

올드린은 거듭 보고했다. 휴스턴에서는 여전히 대답이 없었다. 암스트롱이 입을 열었다.

"프로그램 경고 1202가 무슨 뜻인지 알려 주기 바람."

목소리에서 초조함이 묻어났다. 수많은 스위치가 늘어선 계기판 한가운데에 'ABORT'라고 적힌 커다란 붉은 버튼이 있었다. 이 버튼을 누르면 긴급 대피 프로그램이 작동하여 이글Eagle호의 하강 단은 버려지고, 상승 단의 엔진이 우주선을 달 궤도로 다시 밀어 올릴 것이다. 이는 달 착륙 실패를 뜻했다.

TV를 통해 지켜보던 2억 명도 숨을 죽였다. 서로 "1202가 대체 뭐야……?"라고 속삭였을 것이다. 그 누구도 1202가 뭔지 알지 못했다. 귀빈실에 있던 폰 브라운과 후볼트도 마찬가지였다. 무언가 이상이 있다는 사실은 명백했지만, 그 내용을 알 수 없었다. 대체 얼마나 심각한 문제일까? 해결할 수 있을까? 달 착륙은 가능할까?

'1202'가 무슨 뜻인지 아는 사람은 아마도 전 세계에서 몇 명밖에 없었을 것이다. 그중 한 사람은 휴스턴에서 2500킬로미터 떨어진 미국 매사추세츠 공과대학에 있었던, 이 장의 두 번째 주인공 마거릿 해밀턴이었다.

해밀턴은 어떻게 이를 알고 있었을까?

인생에 단 한 번뿐인 기회

1961년에 케네디 대통령은 "1960년대가 끝나기 전에 인간을 달로 보내겠습니다"라고 연설했다. 그때 마거릿 해밀턴은 스물네 살이었고, 아마 자신이 아폴로계획에 참여하리라고는 상상하지 못했을 것이다. 해밀턴은 매사추세츠주 보스턴 근교에 있는 MIT 링컨연구소Lincoln Laboratory에서 소련 폭격기를 자동으로 추적하는 시스템 개발에 참여했다. 시골 마을에서 태어난 해밀턴은 대학에서 수학을 공부했고, 결혼한 후에는 북쪽에 있는 도시인 보스턴으로 이사 가서 훗날 여배우가 된 외동딸 로렌Lauren Hamilton을 낳았다. 당시에는 아직 일하는 여성이 많지 않았고, 특히 기술직에 종사하는 여성은 매우 드물었다. 남편이 아직 학생이었기에, 해밀턴의 수입으로 먹고살아야 했다.

2년 정도가 지난 1963년 어느 날, 해밀턴은 어떤 소문을 들었다. 같은 MIT의 계기연구소Instrumentation Laboratory(현 드레이퍼연구소Draper Laboratory)가 '달에 사람을 보내기 위한 컴퓨터'를 개발하고 있다는 이야기였다. 이를 '인생에 단 한 번뿐인 기회'라고 생각한 해밀턴은 바로 전화를 걸었고, 그날로 부서 두 군데와 면접 약속을 잡았다. 그리고 면접 결과 양쪽 부서에서 합격 통보를 받았다. 실은 둘 중 한 곳이 정말 가고 싶었던 부서였지만, 다른 한쪽 부서 사람의 기분을 상하게 하고 싶지 않았던 해밀턴은 동전을 던져서 결정해 달라고 부탁했다. 정말로 동전을 던져서 결정했는지는 알 수 없지만, 결과적으로 해밀턴은 자신이 원했던 부서에 들어가서 아폴로 유도 컴퓨터의 소프트웨어 개발을 담당했다.

아폴로 유도 컴퓨터는 MIT가 개발한 컴퓨터로, 우주를 비행한 최초의 디지털컴퓨터 중 하나다. 아폴로 유도 컴퓨터의 계산 속도는 우리가 쓰는 스마트폰의 1000분의 1에도 미치지 못했지만, 당시로서는 혁신적인 기술의 결정체였다.

일례로 집적회로integrated circuit, IC를 들 수 있다. 당시 컴퓨터는 방 하나를 차지할 만큼 거대했고, 작은 마을 하나를 전부 밝힐 만큼 전력을 소모했다. 따라서 컴퓨터를 우주선에 탑재하려면 크기와 전력 소모량을 획기적으로 줄여야 했다. 이를 가능케 하는 마법 같은 방법이 바로 당시 첨단 기술이었던 집적회로였다. 아직 집적회로를 사용하는 전자 제품은 거의 없었기에, 1963년에 미국에서 생산된 집적회로 중 60퍼센트가 아폴로용이었다.

크기는 작더라도, 아폴로 유도 컴퓨터에는 절대적인 신뢰성이 필요했다. 오류가 생겨서 데이터가 날아가는 등의 사태가 절대 일어나면 안 되었다. 이는 우주 비행사의 죽음으로 이어질 수 있기 때문이었다. 그래서 아폴로 유도 컴퓨터의 프로그램과 데이터를 저장하는 기억장치인 롬read only memory, ROM은 절대 데이터가 사라지지 않게끔 되어 있었다. 데이터를 말 그대로 '꿰매 놓았기' 때문이다. 무슨 말이냐면, 이 롬은 '코어 로프 메모리core rope memory'라고 해서 수많은 고리와 전선으로 이루어져 있었다. 전선이 고리를 통과하면 1을 뜻하고, 통과하지 않으면 0을 뜻한다. 따라서 한번 꿰매 놓으면 데이터는 절대 바뀌지 않는다.

코어 로프 메모리는 여성 노동자들이 0과 1의 나열을 한 땀 한 땀 실로 꿰매서 만들었다. 즉, 달 탐사의 성공 여부는 여성 노동자들의 손가락 끝에 달려 있었다.

혁신적인 발명품, '소프트웨어'

아폴로 유도 컴퓨터에 탑재된 가장 참신한 기술은 아마 '소프트웨어'일 것이다. 당시에는 소프트웨어라는 말조차 거의 쓰이지 않았다.

오늘날에는 소프트웨어라는 개념이 너무나 익숙하다 보니, 이것이 얼마나 혁신적인 발명품인지 이해하기 힘들 것이다. 손목시계를 예로 들어 설명해 보겠다. 시곗바늘 두 개로 이루어진 아날로그 손목시계가 있다. 이 시계는 오직 시각을 표시하는 기능만 지닌 기계다. 그런데 만약 날짜를 표시하는 기능도 필요해지면 어떻게 해야 할까? 그럼 시계를 분해해서 다시 설계하든지, 아니면 다른 시계를 사는 수밖에 없다. 기계는 오직 한 가지 기능만을 지닌다는 것이 당시의 상식이었다. 전화, 시계, 카메라, 모니터……. 필요한 기능의 개수만큼 기계가 필요했다.

그런데 오늘날에는 스마트폰 하나면 이 모든 기능을 쓸 수 있다. 새로운 기능이 필요하면 앱(애플리케이션 소프트웨어)을 추가로 설치하면 된다. 새로운 기능이 필요할 때마다 스마트폰을 분해하여 재설계한다거나, 다른 기계를 살 필요가 없다는 뜻이다. 소프트웨어를 바꾸기만 하면 기계가 진화한다. 엄청난 혁신이다.

'소프트웨어를 탑재한다.' 이 참신한 설계 방식이 가진 유용성은 금방 증명되었다. 원래 나사가 MIT에 요구했던 기능은 항법, 즉 우주선의 현재 위치와 속도를 계산하는 일뿐이었다. 그런데 개발이 시작된 지 3년 후인 1964년에 나사는 자동조종 기능도 추가해 달라고 요청했다. 원래라면 회로를 다시 설계해야 하겠지만, 아폴로 유도 컴퓨터라면 그냥 소프트웨어만 수정하면 된다. 이 우아함이야말로 소프트웨어의 힘이다.

이 무렵에 부서를 옮긴 마거릿 해밀턴은 자동조종 소프트웨어 개발에 참여했다. 해밀턴이 담당한 부분은 임무에 실패할 경우 긴급 대피에 필요한 프로그램이었다. 새내기 직원에게 이 일을 맡긴 이유는 사용될 일이 거의 없는 기능이라고 여겼기 때문이다. 해밀턴은 이 소프트웨어에 '잊어버려forget it'라는 장난기 넘치는 이름을 붙였다.

밤을 새워 가며 개발이 진행되었다. 당시에는 현대보다 훨씬 더 직장 생활과 육아를 병행하기 힘들었을 것이다. 밤과 휴일에는 네 살배기 딸 로렌을 직장에 데려왔다. 그리고 로렌이 직장에서 자는 사이에 해밀턴은 프로그램을 작성했다. "어떻게 딸을 그런 데서 재울 수 있어?"라고 비꼬는 동료도 있었다.

그런데 해밀턴과 동료들이 이렇게 고생하면서 개발한 자동조종 프로그램을 대단히 싫어하는 사람들이 있었다. 바로 우주비행사였다. 예를 들어 한 우주 비행사는 MIT 기술자에게 이렇게 말했다.

"출발할 때 컴퓨터 전원 따윈 내려 버릴 거야."

이 무렵 우주 비행사는 대부분 군대 비행기 조종사 출신이었다. 컴퓨터 따위에 의존하지 않고 직접 자기 손으로 조종하는 것이 바로 조종사의 긍지라는, 구시대적인 영웅주의가 아직 남아 있던 시절이다. 특히 선임 우주 비행사일수록 심했다. 어떤 이는 기술자를 마구 매도하기도 했다. 회의 때문에 휴스턴에 찾아온 MIT 기술자에게 이런 말을 던진 사람도 있었다.

"시간 낭비 그만하고, MIT에 돌아가서 다시 생각해 봐."

하지만 수동 조종을 고집하던 우주 비행사들이 시뮬레이션에서는 모두 달 표면에 추락하고 말았다. 아폴로 우주선은 대단히 복잡해서 이미 인간이 직접 조종하기는 어려웠기 때문이다.

우주 비행사의 낡아 빠진 자존심과 상관없이 기술은 계속 발전하고 있었다. 선택의 여지는 없었다. 달에 가고 싶다면 조종간이 아니라 컴퓨터를 조작해 우주를 비행할 수밖에 없었다.

우주 비행사는 완벽한가?

마거릿 해밀턴은 금방 두각을 드러내어, 수년 후에는 아폴로의 비행 소프트웨어 전체를 총괄하게 되었다. 덕분에 일은 더욱 바빠졌다. 해밀턴은 밤낮없이 휴일에도 일해야 했고, 딸 로렌도 직장에서 지내는 데 익숙해졌다.

어느 날 로렌은 심심했는지 아폴로의 시뮬레이터를 만지며 놀고 있었다. 이때 우연히 'PO1'이라는 발사 준비 프로그램을 작동키는 바람에 시뮬레이터가 꺼지고 말았다.

이를 본 해밀턴은 생각했다. '만약 실제 비행 중에 우주 비행사가 똑같은 실수를 저지르면 어떻게 될까? 우주 비행사도 사람이다. 사람은 실수하는 법 아닌가?'

이때 해밀턴은 어떤 아이디어를 떠올렸다. 당시 상식에 따르면 컴퓨터란 인간이 지시한 작업을 충실하게 수행하는 기계일 뿐이었다. 따라서 기계가 인간에게 지시를 내린다는 생각은 아무도 하지 못했다. 하지만 이런 상식에서 벗어나면 인간의 실수를 미리 방지할 수 있다. 인간이 컴퓨터에 명령을 내렸을 때, 컴퓨터는 이 명령이 치명적인 결과를 낳지는 않을지 확인해 볼 수 있다. 만약 위험하다고 판단하면, 인간이 내린 지시를 거부하거나 경고를 하면 된다.

당시의 프로그램은 키보드로 작성하는 것이 아니라 일일이 천공 카드로 입력해야 했기에, 개발하는 데 시간이 대단히 오래 걸렸다. 대규모 프로그램을 작성하려면 천공 카드가 수천, 수만 장이나 필요할 정도였다. 게다가 아무리 바빠도 육아에는 휴일이 없었다.

그런 고생 끝에 완성한 오류 회피 소프트웨어를 나사는 거부했다. '우주 비행사는 완벽하게 훈련받았으므로 절대 실수하지 않는다'는 이유에서였다. 특히 당사자인 우주 비행사가 가장 격하게 반대했다. 일례로 미국 최초의 우주 비행사이자 아폴로 14호의 선장이 된 앨런 셰퍼드는 냉담하게 말했다.

"이 안전용 소프트웨어를 전부 다 지워. 만약 우리가 자살하고 싶다면 그냥 자살하게 내버려 둬."

이때는 결국 해밀턴이 양보했고, 대신 우주 비행사용 지침에 다음 내용을 추가했다.

"비행 중에 PO1을 실행하지 말 것."

대체 무엇이 해밀턴을 그토록 앞으로 나아가게끔 했을까? 여성은 집안일을 해야 한다는 생각이 상식이었던 시절에 육아와 직장 일을 병행하고, 밤을 새우며 작성한 프로그램을 거부당하거나 우주 비행사에게 매도당하면서도 왜 그는 상식에 도전하려고 했던 것일까?

훗날 해밀턴의 생각이 옳았다는 사실이 증명되었다.

1968년 성탄절에 있었던 일이다. MIT 회의실에 있던 해밀턴에게 휴스턴에서 전화가 걸려 왔다. 전화한 사람은 긴박한 목소리로 아폴로 8호에 일어난 문제를 설명했다.

아폴로 8호는 유인우주선으로서는 처음으로 지구 궤도를 벗어나 달 주위를 돌고 다시 지구로 귀환하던 중이었다. 재돌입까지 이틀하고도 반나절 걸리는 항해 동안 별달리 할 일이 없었던 우주 비행사 짐 러벌Jim Lovell은 육분의를 이용한 항법 실험을 했다. 육분의란 18세기에 선원이 별을 이용해서 자신의 위치를 알아내기 위해 쓰던 도구다. 아폴로에도 컴퓨터에 접속된 육분의가 탑재되어 있었다. 만에 하나 전파를 이용한 추적에 실패한다면, 18세기 배와 똑같은 방식으로 육분의를 이용해 위치를 확인하여 지구로 귀환해야 했다.

반복 작업 때문에 집중력이 떨어졌던 것일까? 짐 러벌은 01번 별을 컴퓨터에 등록하려다가, 실수로 그만 PO1을 작동시키고 말았다. 그러자 컴퓨터에 저장된 항법 정보가 초기화되어 현재 위치를 알 수 없게 되어 버렸다. 이대로 가다간 지구도 돌아갈 수 없을지도 모르게 된 것이다.

해밀턴과 동료들은 몇 시간에 걸쳐 신중하게 문제를 진단한 뒤, 휴스턴과 우주 비행사에게 해결법을 제시했다. 마지막에는 러벌이 육분의로 별을 관측하여 수동으로 항법 정보를 재조정함으로써 겨우 사태가 해결되었다. 만약 해밀턴이 제안한 안전용 소프트웨어가 있었다면 방지할 수 있었던 사고였다.

해밀턴도 상당히 고집이 셌던 모양이다. 안전용 소프트웨어는 결국 받아들여지지 않았지만, 그는 어떤 인간이든 실수할 수 있다는 통찰과 인간의 실수를 컴퓨터로 만회한다는 아이디어 자체를 버리지는 않았다.

어느 날 해밀턴은 훗날 아폴로 11호를 위기에서 구해 낼 아이디어를 떠올렸다.

"프로그래머도 실수할 수 있지 않을까?"

물론 소프트웨어는 철저한 확인 과정을 거친다. 하지만 철저하게 훈련받은 우주 비행사도 실수를 저지를 수 있듯이, 프로그래머가 확인 과정에서 발견하지 못하는 오류가 있을 수도 있다.

그러니 만에 하나 오류가 있더라도 치명적인 사고만은 면할 수 있도록 소프트웨어를 만들어야 하지 않을까?

이러한 생각을 바탕으로 해밀턴 팀은 아폴로의 소프트웨어에 중요한 기능을 탑재했다. 만약 컴퓨터가 멈출 것 같은 상황이 오면, 일단 모든 프로그램을 종료하고 우주 비행사의 생명과 직결되는 중요한 프로그램만을 다시 실행하는 기능이었다. 그리고 이를 알리기 위한 경고 번호를 정했다.

바로 '1202'였다.

이글은 착륙했다

1969년 7월 20일, 휴스턴, 15시 06분

"1202."

버즈 올드린의 목소리가 휴스턴 관제실에 울려 퍼졌다. 다른 방에서 대기하던 기술자는 곧바로 그 의미를 이해했다. 무슨 이유 때문인지 컴퓨터가 멈출 뻔했지만, 해밀턴이 작성한 프로그램에 따라 컴퓨터는 위기를 넘기고 달 착륙에 필요한 자동조종 기능을 실행하고 있었다. 기술자는 이 사실을 유도 관제관인 베일스Steve Bales에게 전했다.

이와 거의 동시에 비행 관리자인 진 크랜즈Gene Kranz가 각 담당자에게 '고Go'인지 '노 고No go'인지 물었다. 한 사람이라도 '노 고'라고 대답하면 달 착륙은 중지될 예정이었다. 베일스는 힘찬 목소리로 대답했다.

"고!"

경고음이 울린 지 불과 20초 만에 벌어진 일이었다. 신속한 대처 덕분에 달 착륙 임무는 계속 진행될 수 있었다.

훗날 이 일의 원인이 밝혀졌다. 우주 비행사가 사용하는 점검 목록에 틀린 부분이 있어서 원래 꺼져 있어야 할 레이더가 켜져 있었고, 그 결과 컴퓨터가 다 처리할 수 없는 어마어마한 양의 데이터가 들어왔다. 해밀턴이 고안한 오류 회피 기능이 없었으면 컴퓨터는 이 결정적인 순간에 꺼졌을 것이고, 달 착륙을 중단할 수밖에 없었을 것이다.

이후에도 몇 번 같은 경고가 표시되었지만, 자동조종 기능이 정상적으로 작동했기에 달 착륙선 '이글'은 고도 3000미터까지 내려갔다. 이때 암스트롱은 창밖 광경을 보고 깜짝 놀랐다. 저 아래에 축구장 정도 크기의 운석구덩이와 수많은 바위가 보였기 때문이다. 그 순간 그는 '자세 고정ATTITUDE HOLD' 모드를 켰다. 자동조종 기능이 하강 속도를 제어하는 동안, 암스트롱은 수평 방향 속도를 제어하여 운석구덩이를 피했다. 컴퓨터와 인간의 호흡이 딱 맞은 순간이었다.

"연료는?"

암스트롱이 물었다.

"8퍼센트."

올드린이 답했다.

"좋아. 괜찮아 보이는 장소가 있군."

하지만 막상 다가가 보니, 그곳도 안전하지 않았다.

"운석구덩이를 넘어가자."

바로 앞에 가로세로 30미터 정도의 조그맣고 평평한 장소가 있었다. 암스트롱과 컴퓨터는 일심동체가 되어 그곳으로 이글을 유도했다.

"60초."

휴스턴이 남은 연료를 고했다. 엔진이 뿜어내는 바람 때문에 창문이 모래로 뒤덮였다.

"30초."

암스트롱에게는 말을 꺼낼 여유조차 없었다. 달 착륙선은 천천히 회색빛 달 표면으로 내려갔다.

"착지 라이트."

올드린이 말한 순간, 암스트롱이 '엔진 정지' 버튼을 눌렀다. 진동이 멈추고 선실에는 정적만이 감돌았다. 두 사람은 헬멧을 쓴 채 말없이 눈을 마주쳤다. 암스트롱이 감정을 절제하며 말했다.

"휴스턴, 여기는 고요의 바다 기지다. 이글은 착륙했다."

이 드넓은 우주에 대체 얼마나 많은 문명이 존재할까. 모든 문명은 한 '세계'에서 태어나 성장하여, 언젠가 다른 '세계'를 방문한다. 바로 이때, 인류 문명은 전환점을 맞이했다.

"존, 고맙네."

잊어서는 안 될 사실이 있다. 아폴로가 이뤄 낸 역사적 위업의 뒤편에는 달에 발을 디뎠던 우주 비행사 열두 명과 케네디 대통령뿐만 아니라, 이름 없는 영웅 40만 명이 있었다는 점이다. 40

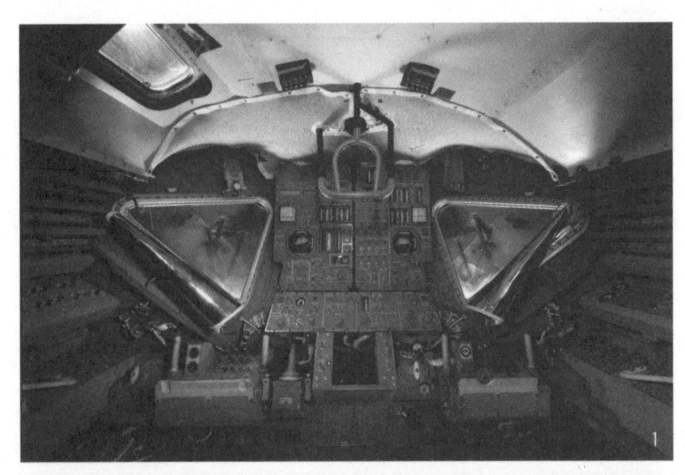

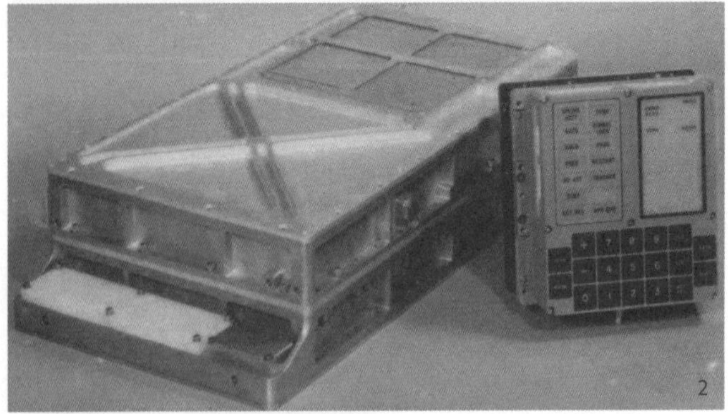

1_달 착륙선 내부 ©NASA
2_아폴로 유도 컴퓨터 ©NASA
3_닐 암스트롱은 "한 인간에게는 작은 한 걸음이지만 인류에게는 위대한 도약이다"라는 유명한 말을 남겼다. ©NASA

만 명에게는 40만 가지 싸움이 있었다. 그 하나하나가 상식과의 싸움이었으며, 불가능에 대한 도전이었다.

이는 현대에도 마찬가지다. 온갖 혁신과 대규모 사업의 뒤편에는 유명한 경영자와 거물 투자가와 연설에 능한 정치가뿐만 아니라, 수많은 무명 기술자, 과학자, 비서, 사무원, 운전기사, 청소 노동자 등이 있었다. 스티브 잡스Steve Jobs가 화려한 발표를 펼친 미디어 컨퍼런스 무대가 아니라, 기술자가 매일 와서 일하는 너저분한 책상이 바로 미래를 만들어 내는 현장이다.

마거릿 해밀턴은 아폴로 11호가 달에 착륙하는 순간을 MIT 회의실에서 지켜봤다. 아폴로 유도 컴퓨터를 개발한 수많은 MIT 기술자와, 이들을 도운 비서와 사무원도 함께 있었을 것이다. 코어 로프 메모리를 한 땀 한 땀 꿰맨 여성 노동자들도 보고 있었을 것이다. 대통령 앞에서 당당하게 "저는 인류를 달로 보내는 일을 돕고 있습니다!"라고 말했던 청소 노동자도 보고 있었을 것이다.

나사와 MIT 직원뿐만이 아니다. 세금으로 아폴로를 지원하던 시민들도 당사자였다. TV 생중계를 지켜보며 흥분하던 전 세계 2억 명 모두가 당사자였다. 30억 인류 모두가 당사자였다.

암스트롱과 올드린은 이른바 30억 명의 아바타였다. 달에 내린 이는 '두 사람'이 아니라, 바로 '인류'였다.

존 후볼트는 달에 착륙하는 순간을 휴스턴의 귀빈실에서 보고 있었다. 방 안은 기쁨으로 가득 찼다. 사람들은 체면도 차리지 않은 채 펄쩍펄쩍 뛰고 손뼉을 치며 눈물을 흘렸다. 후볼트라는 무명 기술자가 완고하게 달 궤도 랑데부 방식을 밀어붙이지 않았다면 1960년대에 달 착륙을 이루지는 못했을 것이다. 하지만 방 안에 이 사실을 아는 사람이 과연 얼마나 있었을까? 애초에 후볼트의 이름을 알고 있는 사람도 거의 없지 않았을까?

물론 적어도 한 사람은 알고 있었다. 바로 폰 브라운이다.

폰 브라운이 왜 후볼트를 알고 있었는지는 잘 모르겠다. 그는 극도로 자존심이 강했지만, 독일 귀족 태생이라 그런지 예의와 의리를 중시했다. 그리고 후볼트는 틀림없이 폰 브라운의 어릴 적 꿈을 이루게 해 준 은인이었다.

이글이 착륙한 후, 후볼트 앞에 앉아 있던 폰 브라운은 뒤를 돌아보며 이렇게 말했다.

"존, 고맙네."

새는 날개로, 사람은 상상력으로

아폴로는 어떻게 우주에 갈 수 있었을까?

후볼트와 해밀턴의 이야기를 읽은 이상, 그 답의 절반은 명백하다. 그들처럼 상식과 싸워서 이긴 수많은 사람이 있었기 때문이다.

상식을 깬다는 것이 말로는 쉽지만, 실행하기는 대단히 어렵다. 상식은 눈에 보이지는 않지만, 마치 거대한 나무처럼 지하 깊은 곳까지 뿌리를 내리고 있다. 따라서 아무리 줄기를 밀어도 쓰러뜨릴 수 없다. 이름 없는 40만 명이 각각 지하에서 이 뿌리를 하나씩 잘라 나갔다. 밤낮 없이 노력했지만, 이들은 결코 주목받지 못했다. 그리하여 나무는 쓰러졌고, 인류는 시대를 초월하여 달에 작은 한 걸음을 내디딘 것이다.

하지만 이는 반쪽짜리 답일 뿐이다. 왜 그들은 상식에 물들지 않고, 도리어 이를 뛰어넘을 수 있었을까? 상식은 깨는 것보다 받아들이는 편이 훨씬 더 쉽다. 가장 쉬운 길은 상식을 맹목적으로 믿는 일이다. 그리고 애초에 자신이 상식에 사로잡혀 있다는 사실을 깨닫지 못하는 사람이 그렇지 않은 사람보다 많다.

케네디가 '1960년대가 끝날 때까지 인류를 달에 보내겠다'고 선언했던 시점에 미국이 경험한 유인 우주 비행이라고 해 봤자, 고작 15분짜리 우주 탄도비행뿐이었다. 사용한 로켓은 폰 브라운이 V2 로켓을 개량해서 만든 무게 30톤짜리 레드스톤 로켓이었다. 그런 시대에 무게 3000톤짜리 로켓을 만들어서 2주 동안 달 여행을 하자는 꿈같은 이야기를, 왜 폰 브라운과 마셜우주비행센터 기술자들은 비상식적인 일이라고 생각하지 않았던 것일까?

달에 착륙하기는커녕, 그저 무인 탐사선을 달에 충돌시키는 일마저 6회 연속으로 실패하던 시대였다. GPS도 없었고, 지구에서 배를 몰 때도 등대 빛에 의존해야 하는 시대였다. 38만 킬로미터 떨어진 달 궤도에서 우주선 두 대가 장소와 속도를 정확히 맞춰 랑데부할 수 있을 것이라고 존 후볼트가 확신했던 이유는 무엇이었을까?

컴퓨터 크기가 방 하나를 가득 채울 정도로 컸던 시대였다. 노트북도 스마트폰도 없었고, 탁상용 전자계산기조차 드물었던 시대였다. 사람들이 '소프트웨어'라는 말도 몰랐던 시대였다. 그런 시대에 바이올린만 한 크기의 컴퓨터를 만들어서 자동조종 기능을 탑재할 뿐만 아니라, 인간의 실수를 컴퓨터로 만회시키겠다는 비상식적인 일을 마거릿 해밀턴은 왜 불가능하다고 여기지 않았을까?

아마 그 '무언가' 때문이었을 것이다.

바로 상상력이다. 상상력이란 본 적도 없는 것을 상상하는 힘이다. 상식 밖에서 가능성을 찾아내는 힘이다. 날개를 지니지 않는 인간에게 푸른 하늘을 날아다니겠다는 꿈을 꾸게 하는 힘이다. 눈으로는 지금 존재하는 것밖에 볼 수 없다. 하지만 눈을 감고 상식에서 벗어나 상상 속으로 들어가면 존재하지 않는 것을 볼 수 있다. 현재뿐만 아니라 미래도 볼 수 있다.

폰 브라운은 상상력을 통해 볼 수 있었다. 높이 110미터, 무게 3000톤짜리 거대한 로켓이 불꽃을 뿜으며 하늘로 날아오르는 모습을 말이다.

후볼트는 상상력을 통해 볼 수 있었다. 우주선 두 대가 마치 춤을 추듯이 손을 맞잡고 달 궤도에서 랑데부하는 모습을 말이다. 그리고 달 궤도 랑데부 방식이야말로 인류를 달로 보내는 가장 현실적인 방법이라는 사실도 깨달았다.

해밀턴은 상상력을 통해 볼 수 있었다. 인간과 컴퓨터가 서로 약점을 보완하고 힘을 합쳐 우주를 나는 모습을 말이다. 그리고 소프트웨어라는 신기술이 가진 무한한 가능성을 깨달았다.

모든 기술은 상상력에서 태어났다. 만약 모든 인류가 현재 존재하는 것밖에 보지 못했다면, 신기술은 절대 태어나지 않았을 것이기 때문이다. 눈을 감고 상식에서 벗어나 상상력으로 미래를 바라본 선구자가 있었기에 자동차, 전기, 전화, 비행기, 로켓, 달 궤도 랑데부, 아폴로 유도 컴퓨터 등 모든 기술이 태어난 것이다.

새는 날개로 하늘을 난다. 그리고 사람은 상상력으로 달에 갔다.

20XX 스페이스 오디세이

1972년 2월 14일, 아폴로 17호는 달 표면에서 이륙했다. 그 후 45년 동안 이 세계를 방문한 사람은 아무도 없다.

인류는 후퇴한 것일까? 그렇지 않다. 다음 장에서도 설명하겠지만, 무인 탐사선 수십 대가 화성, 목성, 토성과 이들의 위성, 그리고 소행성과 천왕성과 해왕성까지 가서 표본을 채취해 왔다. 그중 한 대는 태양계를 뛰쳐나가 성간 우주로 들어갔다. 우주에 대한 인류의 이해는 비약적으로 깊어졌다. 인류는 달보다 더 먼 곳으로 나아갔다.

그럼 인류는 두 번 다시 달로는 가지 않을까? 꼭 그렇지만도 않다. 2000년대에는 무인 달 탐사가 다시 활발하게 이루어지기 시작했다. 일본 달 탐사선 셀레네SELENE는 달 표면에서 구멍을 발견했고, 인도와 미국 탐사선은 달 남극에 있는 운석구덩이의 영구 그림자 지역에서 얼음을 발견했다. 2018년에는 중국 착륙선과 탐사차가 최초로 달 뒷면의 지표를 탐사할 예정이다.[1]

민간 우주개발이 진전되면 달은 우리와 더욱 가까워질 것이다. 이 책이 출판되고 한 달쯤 후인 2018년 3월에는, 구글 루나 X 프라이즈라는 공모전이 열릴 예정이다. 민간 자금만으로 달에 탐사차를 착륙시켜서, 가장 먼저 500미터를 달린 팀이 상금 2000만 달러를 받는다. 일본에서도 하쿠토HAKUTO라는 팀이 참여했다.[2]

머지않아 달은 우주 관광의 무대가 될 것이다. 처음에는 억만

1 2019년 1월 3일 중국 달 탐사선 창어嫦娥 4호가 달 뒷면 착륙에 성공했다. 무인 로봇 탐사차인 '위투玉兎-2'는 착륙기에서 분리되어 달 뒷면에서 탐사를 시작했다.(역자 주)

2 2018년 1월 현재, 상황은 시시각각 변하고 있다. 하쿠토의 탐사차를 달로 보낼 예정이었던 인도의 착륙선 발사가 지연되고 있기 때문이다. (하쿠토는 다섯 개 결승 팀에 속했지만, 어떤 팀도 기한에 맞춰 성공하지 못했다. 현재는 2020년을 목표로 '하쿠토-R'을 가동 중이다. 역자 주)

장자만 가능하겠지만, 수십 년 후에는 회사원 퇴직금 정도로 갈 수 있을지도 모른다. 나도 가능하다면 꼭 가 보고 싶다. 물론 돈도 들고 위험할 테니, 딸의 학비를 내고 결혼식에 참석한 다음 아내를 설득해야겠지만 말이다.

여러분도 보고 싶지 않은가? 여태까지 고작 운 좋은 열두 명밖에 본 적 없는 달의 세계를 말이다. 대낮에 빛나는 별, 멀리 있는 것이 흐리게 보이지 않는, 원근감이 결여된 비현실적인 풍경, 밤에는 지구의 푸른빛을 받는 은빛 사막…….

이는 아직 여러분이 직접 볼 수 없는 모습이다. 하지만 볼 방법은 있다. 눈을 감자. 그리고 상상의 눈을 뜨자. 상상 속으로…….

당신은 일본 다네가섬에 있는 우주 공항에서 지구 궤도 호텔로 가는 교통편을 탔다. 호텔 로비는 케이프커내버럴, 바이코누르, 주취안, 스리하리코타 등에서 온 다양한 국적과 인종의 여행자로 북적였다. 지구 궤도 호텔에 장기 체류 중인 노부부, 우주유영 투어에 도전하는 젊은이들, 우주선을 갈아타고 궤도 연구소로 가는 과학자도 있다. 당신도 달 궤도 정거장으로 가는 우주선으로 갈아탔다.

달까지는 2박 3일이 걸렸다. 지구가 점점 작아지고, 달이 점점 커졌다. 궤도 투입 엔진이 불을 뿜었고, 우주선은 천천히 달 궤도 정거장에 도킹했다.

정거장은 지구 궤도 호텔보다 규모가 작고 시설도 그리 화려하지 않았다. 여기서 달 표면 기지로 가는 착륙선으로 갈아탔다. 가장 인기 있는 관광지는 아폴로 11호가 착륙한 '고요의 바다'이고, 당신도 그곳으로 향했다.

착륙선 하강 엔진이 작동한다. 가속도 때문에 중력이 강해진 것처럼 느껴졌지만, 진공에 차단되어 엔진 소리는 전혀 들리지 않았다. 착륙선은 '고요의 바다 우주 공항'에 소리 없이 착륙했다. 안전띠 착용 사인이 꺼지고, 당신은 일어서려다 천장에 머리를 부딪치고 말았다. 중력이 지구의 6분의 1이라는 사실을 완전히 잊었기 때문이다.

호텔에 짐을 내려놓자마자 바로 관광을 나와서, 바퀴가 여덟 개인 월면 버스를 타고 20분 이동했다. 버스는 어떤 건물의 도킹 포트에 들어갔다. 달을 향해 내려오는 독수리 모양 장식물이 보이고, 그 옆에는 '아폴로 11호 박물관'이라고 쓰여 있다.

당신은 박물관을 견학한다. 첫 번째 전시물은 쥘 베른의 『지구에서 달까지』 초판이다. 이어서 '로켓의 아버지'들과 폰 브라운, 코롤료프, 해밀턴, 후볼트 같은 기술자를 소개하고 있다. 베트남전쟁, 미국의 흑인 민권운동, 비틀즈, 히피 등 당시 시대상과 관련된 전시물도 있다.

그리고 마지막 방에 들어선다. 이곳은 유리 벽으로 둘러싸였고 지붕은 돔 모양이다. 바깥에는 황량한 은빛 사막이 펼쳐져 있고, 저 멀리 불빛이 보인다. 바닥도 유리 재질이며, 달 표면에 찍힌 난잡한 발자국이 보인다. 암스트롱과 올드린이 남긴 발자국이다. 발자국 너머에는 아폴로 11호의 달 착륙선인 이글호의 하강 단이 보인다. 하강 단에는 레골리스[3]가 묻어 있다. 이글호의 상승 단이 날아오를 때 내뿜은 불꽃 흔적도 보인다. 암스트롱이 조심스럽게 달 표면에 내릴 때 사용한 사다리도 있다. 땅바닥에는 성조기와 비디오카메라가 꽂혀 있다. 이글호가 달에서 이륙하기 전에 버리고 간 삽, 신발, 우주식 상자, 집뇨기 등도 그대로 유리 바닥 아래에 보존되어 있다. 하늘을 올려다보니 유리 천장 너머로 초승달 모양을 한 작은 지구가 보인다.

3 암석을 덮고 있는 부드러운 퇴적층.(역자 주)

당신은 무슨 생각을 하고 있을까?

당신은 무엇을 느끼고 있을까?

당신은 무엇을 상상하고 있을까?

다른 세계의 하늘

지구의 하늘은 푸르고, 하얀 구름이 떠 있다. 다른 세계의 하늘은 어떻게 생겼을까?

금성의 하늘은 항상 주황색 구름으로 뒤덮여 있다. 태양은 보이지 않는다. 금성에서 낮 길이는 무려 60일이다. 구름 때문에 별이 보이지 않는 지루한 밤도 60일 동안 이어진다. 만약 구름이 없다면 태양이 서쪽에서 떠서 동쪽으로 지는 모습을 볼 수 있을 것이다.

화성에서는 하루가 24시간 40분이다. 따라서 당신은 매일 40분씩 늦잠을 잘 수 있다. 화성의 하루는 파란 아침노을과 함께 시작된다. 낮에는 하늘이 흐린 노란색이다. 그리고 해가 질 때는 저녁노을이 하늘을 파랗게 물들인다. 밤에는 지구에서 보이는 것과 똑같은 별자리가 보이지만, 북쪽에 북극성은 없다. 대신 북쪽에는 백조자리 데네브Deneb가 보인다.

목성은 기체로 이루어진 행성이라 지면이 없지만, 구름 위에서 위성 네 개가 차고 이지러지는 모습을 볼 수 있다. 목성의 위성 중 하나인 유로파의 표면은 얼음으로 뒤덮여 있는데, 유로파에 내려 하늘을 올려다보면 가만히 당신을 내려다보고 있는 목성의 위압감을 느낄 수 있을 것이다.

토성도 기체 행성이다. 토성의 구름 위에서 하늘을 보면 아름다운
토성의 고리가 무지개처럼 걸린 장대한 광경을 볼 수 있다.
토성의 위성 중 가장 큰 타이탄의 하늘도, 금성처럼 주황색
구름으로 뒤덮여 있다. 타이탄에는 차가운 비가 내린다.
메테인으로 이루어진 영하 180도나 되는 비다. 땅에 떨어진
빗방울이 모여 강과 호수를 이룬다.

천왕성에서는 밤낮이 거의 바뀌지 않는다. 낮의 길이가 42년이나
되고, 밤도 42년 동안 이어진다. 인간의 평균수명을 고려하면,
해돋이를 평생에 한 번밖에 볼 수 없는 셈이다.

태양계에서 가장 가까운 외계 행성인 프록시마켄타우리 b의
태양은 대낮에도 빨갛게 보인다. 붉은빛 때문에 항상
모든 경치가 저녁놀처럼 보일 것이다.

언젠가는 인류가 이런 광경을 직접 눈으로 볼 날이 올까?

우리가 아는 우주

The greatest scientific discovery was
the discovery of ignorance.
가장 위대한 과학적인 발견은 무지를 발견한 일이다.

- 유발 하라리Yuval Noah Harari, 『호모 데우스』

밤하늘을 올려다보면 수많은 반짝이는 별과, 천천히 하늘을 헤매는 행성이 보인다. 비록 맨눈으로는 볼 수 없지만, 별은 행성을 거느리고 행성은 위성을 거느린다. 이들 하나하나가 자신만의 세계를 지닌다. 이런 상상을 하다 보면 자연스럽게 두 가지 의문이 떠오른다.

그곳에 무언가가 있는 걸까?

그곳에 무엇이 있을까?

만약 어디든 볼 수 있는 마법 망원경을 통해 초록색 외계인이 깃발을 흔들고 있는 모습을 볼 수만 있다면 쉽게 해결될 의문이다. 만약 숲과 논밭과 불빛이 보인다면, 누가 있는지는 알 수 없어도 누군가가 있다는 사실은 알 수 있다. 하지만 아쉽게도 인류는 아직 마법 망원경을 만들지 못했다.

보석 감정사가 돋보기로 다이아몬드를 살펴보는 것처럼, 우리도 행성을 구석구석 자세히 살펴볼 수만 있다면 쉽게 답을 알 수 있을 것이다. 혹은 생물학자처럼 행성을 수조에 넣고 오랜 기간 관찰한다거나, 시약을 떨어뜨려서 반응을 본다거나, 메스로 해부할 수 있으면 참 편할 텐데 말이다. 하지만 아쉽게도 다른 세계는 아주 먼 곳에 있는 데다 너무 크고, 인류는 여전히 지구 중력에 묶여 있는 무력한 존재다.

그런 인류가 우주의 수수께끼를 풀려면 어떻게 해야 할까?

이는 내가 짝사랑하는 상대가 나를 좋아하는지 상상하는 일과 비슷할지도 모른다. 당신은 이제 막 전학 온 어떤 아이에게 한눈에 반했다. 하지만 당신은 이 아이에 관해 아무것도 모른다. 제대로 대화를 나눈 적도 없다. 그런데도 당신은 이 아이가 자신을 좋아하는지 아닌지 온종일 생각한다. 이 아이의 마음을 들여다볼 수 있으면 좋겠지만, 그건 불가능하다. 그렇다고 당신은 꽃잎을 한 장씩 뜯으며 고민할 정도로 낭만적인 성격도 아니다. 그래서 당신은 기존 지식과 상식에 비추어 봤을 때, 이 아이를 관찰한 결과를 가장 잘 설명할 수 있는 가설이 무엇인지 생각해 보기로 한다.

예를 들어 복도에서 지나칠 때 이 아이는 당신에게 알은체하지 않았다(관찰 결과). 예전에 당신과 사귀었던 사람은 사귀기 전부터 당신을 쳐다봤다(기존 지식). 그러니 분명히 이 아이는 당신에게 관심이 없을 것이다(가설 선택). 그렇게 생각하며 당신은 몹시 낙담했다.

이튿날 아침 등굣길에서 이 아이를 만나 인사했더니, 이 아이도 당신의 이름을 부르며 인사해 주었다(관찰 결과). 보통 이름을 부르면 친하다는 뜻이다(상식). 어쩌면 이 아이는 당신에게 관심이 있을지도 모른다(가설 선택). 그렇게 생각하며 당신은 몹시 기뻐했다.

이렇게 당신은 매일 조금씩 쌓이는 단편적인 정보를 통해, 어느 가설이 가장 그럴듯한지 열심히 상상했다. 마치 좌우로 흔들리는 갈대처럼, 결론은 매일 바뀌었다. 계속 그렇게 흔들리면서 당신은 점점 이 아이의 마음을 잘 헤아릴 수 있게 되었다.

다른 세계에 과연 생명은 존재할까? 아니면 존재하지 않을까? 이 질문에 대한 인류의 상상 또한 계속 좌우로 흔들리고 있다. 왜냐면 우리는 거의 아무것도 모르기 때문이다. 인류가 현시점에 가장 자세히 조사한 세계는 지구를 제외하면 화성이지만, 화성에 관한 지식도 아직 보잘것없는 수준이다. 화성의 면적은 지구 육지를 모두 합한 면적과 비슷하다. 이 드넓은 땅에 착륙한 탐사선은 단 일곱 대뿐이다. 탐사차의 총 주행거리는 2017년 10월 기준 70킬로미터를 조금 넘었을 뿐이다. 한번 상상해 보자. 외계인이 지구에 고작 일곱 번 착륙해서 70킬로미터를 달렸다고 해서 대체 무엇을 알 수 있을까?

또한, 인류는 화성보다 더 먼 세계에 관해서는 거의 아는 바가 없다. 인류는 위와 같이 얼마 안 되는 정보를 모아 지구상의 지식과 상식에 비추어 가며 다른 세계에 '무언가가 있는지', '무엇이 있을지'를 열심히 생각했다.

50년쯤 전만 해도 정보를 구할 방법은 망원경밖에 없었다. 처음에는 추운 밤에 천문학자가 작은 망원경을 하늘로 향한 채, 접안렌즈와 무릎 위에 있는 스케치북을 번갈아 보면서 망원경에 맺힌 흐릿한 상을 연필로 스케치했다. 이윽고 눈과 연필 대신 사진기를 사용하기 시작했고, 분광분석[1] 등 새로운 관측 방법을 이용하기 시작했으며, 빛뿐만 아니라 전파로도 관측하기 시작하면서 점점 더 많은 정보를 모을 수 있게 되었다. 이에 그치지 않고

1 분광기를 이용하여 물질의 성분과 그 분량을 알아내는 일.(역자 주)

인류는 1960년대 중반부터 다른 세계에 우주 탐사선을 보내 더욱 상세한 관측을 시작했다. 인류는 태양계의 여덟 개 행성 모두와 위성과 소행성 수십 군데에 탐사선을 보냈고, 그중 몇 군데에 착륙했으며, 그중 두 군데에서 표본을 채취했다.

하지만 여전히 인류가 모은 정보는 만난 지 3일 된 전학생 수준이다. 그만큼 우주는 드넓으며 인류는 무력하다. 그래서 인류가 외계 생명체에 관해 상상하는 내용도 갈대처럼 계속 흔들리고 있다. 다만, 흔들리는 정도가 서서히 약해지면서 불확정성이 조금씩 줄어들고는 있다.

우주에 생명은 있을까? 이 질문에 대한 상상이 변화한 과정은 크게 세 시기로 구분할 수 있다.

첫 번째 시기는 고대부터 1960년대에 처음으로 인류가 행성 탐사선을 쏘아 올렸을 때까지다. 이때는 화성과 금성을 비롯한 수많은 세계에 생명이 보편적으로 존재할 것이라는 낙관적인 생각이 널리 퍼져 있었다.

두 번째 시기는 초기 금성과 화성 탐사 임무 직전까지인데, 이때는 첫 번째 시기와 정반대였다. 우주에서 대부분의 세계는 달처럼 온통 운석구덩이뿐인 불모지일 것이라는 비관적인 생각이 대세였다.

그리고 세 번째 시기는 그로부터 현재까지 약 50년 동안의 기간이다. 이 기간에 수많은 탐사선이 태양계 안에 있는 세계 수십 곳을 방문하여 우리 상상을 뛰어넘는 다양한 발견을 이루어 냈다. 그 결과 다시 낙관적인 주장이 힘을 되찾기 시작했다. 아직 외계 생명체가 존재한다는 증거는 없지만, 불모지인 줄만 알았던 다른 세계에서 생명이 존재할 수 있는 오아시스 같은 환경을 발견했다. 그리고 인류는 앞으로 20년 동안 이러한 '오아시스'를 집중적으로 조사하여, 외계 생명체가 존재한다는 증거를 찾을 계획이다.

이것이 바로 이 장에서 소개하려는 내용이다.

지구는 유일하지 않다

그곳에는 틀림없이 무언가가 있을 것이다. 칼 세이건Carl Edward Sagan이 '지구의 위대한 강등Great demotion'이라고 불렀던 우주관 변화와 함께, 외계 생명체에 관한 초기의 낙관적인 상상은 시작되었다.

옛날에는 우주에 오직 하나의 세계만이 존재한다고 여겼다.

바로 우리가 지금 서 있는 이 대지, 이 세계다. 그렇다면 하늘에서 빛나는 수많은 별과 행성은 대체 무엇이란 말인가? 이 질문에 대한 답은 문화에 따라 참으로 다양하다. 빛나는 돌, 하늘에 뚫린 구멍, 신의 화신 등 다양한 방식으로 별을 이해했다. 하지만 그 누구도 밤하늘에 빛나는 작은 점들 하나하나가 실제로는 우리가 사는 대지보다 더 커다랗다고는 생각하지 못했다. 서구에서는 지구를 'terra'나 'earth' 등으로 부르는데, 이는 '땅'이라는 뜻이다. 땅은 한때 우주에서 유일무이한 지위를 차지했다. 이러한 우주관에서는 '우주에 생명이 있을까?'라는 질문이 나올 수 없었다.

처음으로 지구를 '강등'시킨 사람은 기원전 5세기의 그리스 철학자 데모크리토스Democritos였다. 데모크리토스는 우주에 수많은 '세계'가 존재하며 '땅'은 그중 하나일 뿐이라고 생각한 최초의 사람이었다. 그리고 다른 세계에서도 생명이 살지 않겠냐는 생각에 이르렀다. 데모크리토스는 다른 세계에도 생명이 살고 있을 것이라고 생각했다.

비록 지구가 '유일한 것'에서 '수많은 것 중 하나'로 강등되었다고는 하지만, 여전히 우주에서 대단히 중요한 지위를 차지하고 있었다. 천동설, 즉 지구가 우주의 중심이라는 생각은 아리스토텔레스Aristoteles 이후로 2000년에 걸쳐서 흔들리지 않았다. 사람들이 좀처럼 지동설을 받아들이지 못했던 이유는, 신이 창조한 땅을 강등하는 일이나 마찬가지였기 때문이다. 지구의 강등은 곧 인류가 무지를 극복하는 과정이기도 했다. 그래서 칼 세이건은 이를 '위대한 강등'이라고 불렀다.

지동설을 제창한 사람은 코페르니쿠스Nicolaus Copernicus였지만, 이를 뒷받침하는 과학적인 설명은 17세기에 요하네스 케플러Johannes Kepler가 마련했다. 케플러의 법칙에 따르면 모든 행성은 태양을 중심으로 타원궤도를 돈다. 이는 훗날 뉴턴Isaac Newton이 만유인력의 법칙을 발견하는 데 도움을 주었으며, 오늘날에도 탐사선 항법에서 빼놓을 수 없는 요소다. 지구가 우주에서 특별한 존재가 아니라는 생각은, 자연스럽게 지구 밖에도 생명이 존재할 것이라는 생각으로 이어졌을 것이다. 그다지 유명하지는 않지만, 케플러는 달에 관한 소설 『꿈Somnium』을 썼다. 다만 케플러가 살던 시대에는 픽션과 논픽션에 명확한 구분이 없었기에 과학적인 저술과 상상이 뒤섞여 있다. 어찌 보면 과학소설의 원형이라고도 할 수 있다. 『꿈』에는 이런 구절이 있다.

이곳(달)의 흙에서 태어나는 것은 모두 괴물처럼 크다. 또한 매우 빠르게 성장한다. 모든 생물의 몸이 무거워서 수명이 짧다. 프리볼비언(privolvian, 달 뒤편의 주민)에게는 정해진 거처가 없다. 낮에는 낙타보다 긴 다리로 걸어 다니고 날개로 날아다니며, 배를 타며 물을 찾아 달 세계를 돌아다닌다.

외계 생명체와 외계인에 관한 상상은 바다 너머에도 생명이 있을 것이라는 생각과 비슷했다. 케플러는 대항해시대 말기 사람이었다. 지도에는 아직 공백이 많이 남아 있었으며, 뱃사람들은 앞다퉈 그 공백을 향해 나아갔다. 대양 너머 신대륙에도 원주민이 있었으며, 바다 한가운데에 있는 외딴섬에도 생명이 존재했다. 사람과 짐승과 식물은, 하늘과 바다와 흙만큼이나 보편적이었다. 이렇다 보니 우주에도 당연히 생명이 존재하리라고 생각할 수밖에 없었을 것이다.

천문학이 발전하자 이 상상은 더욱 부풀어 올랐다. 예를 들어 17세기부터 19세기에 걸쳐서 화성의 하루 길이(24시간 40분)와 자전축의 기울기(25도)가 지구와 매우 비슷하다는 사실이 밝혀졌다. 계절과 대기가 존재하며, 극지방에는 극관이라고 불리는 얼음이 있다는 사실도 알아냈다. 그러자 사람들은 자연스레 화성인을 상상하기 시작했다.

19세기 후반에 이탈리아 천문학자 스키아파렐리Giovanni Virginio Schiaparelli는 화성에서 곧게 뻗은 지형을 발견하여, 이를 'canali'라고 불렀다. canali는 영어로 '운하canals'라고 오역되었고, 이 오역이 미국 대부호 로웰Percival Lowell의 상상력에 불을 붙였다. 로웰은 재산을 쏟아부어 천문대를 건설했고, 직접 망원경으로 화성을 관찰하니 정말로 운하가 '보였다'. 그리하여 로웰은 "이는 화성이 지적이고 건설적인 생명의 터전이라는 직접적인 증거"라고 선언했다.

마침 이 무렵은 쥘 베른에 이어 수많은 과학소설 작가가 등장한 시기였다. 자연히 외계인을 주제로 한 작품도 많았다. 그중에서도 1898년에 출판된 웰스Herbert George Wells의 『우주 전쟁』은 외계인에 대한 인상에 큰 영향을 미쳤다. 예를 들어 문어처럼 생긴 외계인도 이 소설이 기원이다. 또한, 오늘날 흔히 볼 수 있는 '잔혹한 외계인이 지구를 침공한다'는 내용을 처음 다룬 작품이다.

훗날 망원경 해상도가 올라서 화성에 운하가 없다는 사실이 밝혀지자, 우주에 지적 문명이 존재한다는 데 회의를 품는 사람이 많아졌다. 그래도 1965년에 처음으로 우주 탐사선이 화성에 도달하기 전까지는 화성에 생명이 존재한다는 생각이 널리 퍼져 있었다. 이를테면 화성에 있는 시르티스 메이저 플라눔Syrtis Major Planum 등의 검은 평원은 식물 때문에 어둡게 보이는 것이 아니냐고 생각하는 사람도 있었다. 화성에 생명이 존재할 것이라는 생각을 과학은 긍정하지도 부정하지도 않았다.

'금성인'이 존재할 수 있다는 상상도 1950년대까지는 이상한 생각이 아니었다. 금성과 지구는 크기와 질량이 거의 비슷하다. 태양과 가까워서 지구보다 열을 더 많이 받기는 하지만, 반사율이 높은 구름이 행성 전체를 뒤덮고 있어서 햇빛을 차단하므로 지표 온도는 지구와 별 차이가 없을 것이라고들 생각했다. 사람들은 금성의 두꺼운 구름 아래에 바다가 존재하고, 강이 흐르며, 숲이 우거지고, 꽃이 피는 '세계'가 있을 것이라 상상했다. 금성인이 등장하는 과학소설도 많이 나왔다.

만약 수백 광년 떨어진 별에 사는 외계인 천문학자가 태양계를 관측한다면 비슷한 생각을 할지도 모른다. 화성은 생명체 거주 가능 영역 안에 있으며, 금성도 아슬아슬하게나마 영역 안에 있다. 생명체 거주 가능 영역이란, 항성에서 적당한 거리 안에 있으며 적절한 대기압하에 액체 상태 물이 존재할 수 있는 고리 모

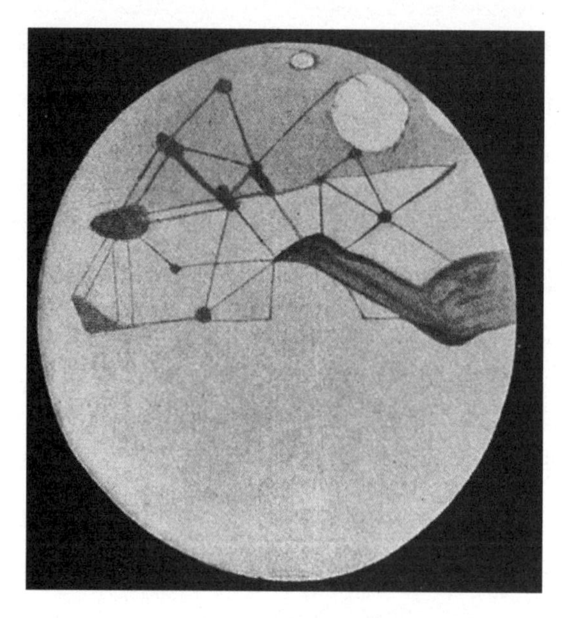

위_로웰이 스케치한 화성의 '운하'
아래_웰스의 소설 『우주 전쟁』에 등장한 화성인

양 영역이다. 따라서 외계인 천문학자는 태양계에 생명이 존재할 가능성이 있는 행성이 두 개 내지는 세 개라고 생각할 것이다.

하지만 우리는 금성과 화성이 생명이 살기 좋은 환경이 아니라는 사실을 알고 있다. 금성은 표면 온도가 460도이고 기압도 95기압이나 되는 지옥 같은 세계다. 한편 화성은 남극처럼 대단히 추운 사막 같은 곳이다. 적도 부근에서는 여름에 기온이 0도 이상이 될 때도 있지만, 평균기온은 영하 63도나 된다. 이는 태양에서 멀기 때문이 아니라, 화성의 대기가 너무 옅기 때문이다. 온실효과가 충분하지 않은 데다 표고가 높은 지역에서는 기압이 물의 삼중점[2]보다 낮기 때문에, 아무리 온도가 높아도 물이 액체 상태로 존재할 수 없다. 그렇다면 인공적으로 화성의 대기를 진하게 만들면 거주 가능한 세계로 만들 수 있지 않겠냐는 생각을 할 수 있는데, 이를 '테라포밍terraforming'이라고 한다.

스푸트니크 1호가 우주에서 노래하고 아폴로계획으로 달에 가려 했던 시절에도, 사람들은 여전히 금성과 화성에는 생명이 있을 것이라고 상상했다. 그래서 1960년대에 인류가 최초로 행

2 고체, 액체, 기체라는 세 가지 상태가 공존하는 온도와 압력 조건.(역자 주)

성 탐사선을 보냈을 때, 가장 큰 관심거리는 바로 생명이 존재하느냐였다. 어떤 사람은 '무언가가 있는 걸까?'라고 기대했다. '무엇이 있는 걸까?'라고 상상하는 사람도 있었다.

하지만 이 상상은 고작 탐사선 두 대 때문에 비눗방울이 터지듯 덧없이 사라져 버렸다.

나사에 걸려 있는 '색칠 그림'

내가 근무하는 나사 JPL은 일 년 내내 날씨가 맑은 로스앤젤레스 교외의 아로요 세코라는 곳에 있다. 평소에는 거의 말라 있는 강이 산에서 들로 흘러드는 장소다. 쾌청한 하늘처럼 연구소 내부 분위기도 편하고 자유롭다. 직원이 6000명이나 되지만 넥타이를 맨 사람은 거의 없고, 직급이 높은 사람이라도 티셔츠와 반바지 차림으로 출근하는 일이 드물지 않다. 나도 가끔은 발가락이 보이는 일본식 나막신인 게다를 신고 출근하곤 한다.

그런 JPL의 186동 건물 안에는 액자에 든 '색칠 그림' 한 장이 걸려 있다. 종이에 그저 빨간색, 갈색, 분홍색 파스텔을 가지고 손으로 칠한 그림이다. 가까이 다가가서 잘 살펴보면, 종이에 수많은 숫자가 찍혀 있다는 사실을 알 수 있다. 마치 장난꾸러기 꼬마가 아빠 가방에서 꺼낸 자료에 낙서라도 한 것처럼 보인다.

나사는 왜 이런 색칠 그림을 소중하게 보관하고 있는 것일까?

사실 이것은 사상 최초의 '디지털 이미지'다. 아니, 손으로 그린 그림인데 어떻게 '디지털'이란 말인가?

이 그림에는 처음으로 화성의 민낯을 봤던 인류의 다양한 감정이 담겨 있다. 터질 것 같은 기대, 억누를 수 없는 흥분, 그리고 '이 아이는 역시 나한테 관심이 없구나'라는 생각에 사로잡힌 젊은이와 같은 낙담과 고독 말이다.

화성 탐사에 관한 이야기를 시작하기 전에, 다른 행성으로 가는 방법에 관해 잠시 설명하겠다.

다른 행성으로 비행하는 일은 옛날 범선을 타고 항해하는 것과 비슷하다. 범선은 항해할 수 있는 시기가 정해져 있다. 이를테면 이슬람 황금시대의 아랍 상인은 북풍이 부는 겨울에 아랍에서 아프리카로 항해했고, 남풍이 부는 여름에 아랍으로 되돌아왔다.

지구에서 화성으로 갈 기회도 2년 2개월에 한 번밖에 없다. 안쪽 궤도에서 태양 주위를 공전하는 지구가 바깥쪽 궤도를 천

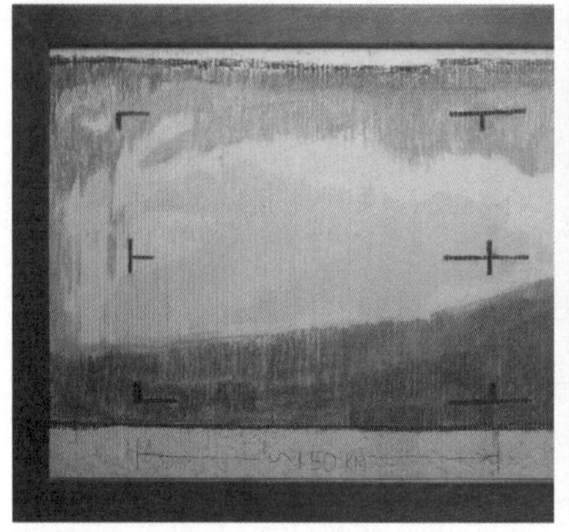

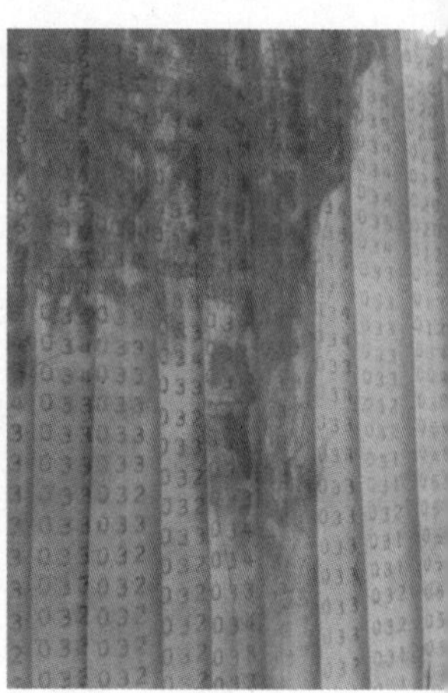

왼쪽_나사 제트추진연구소 벽에 걸려 있는 '색칠 그림' ©NASA
오른쪽_'색칠 그림'을 확대한 사진(필자 촬영)

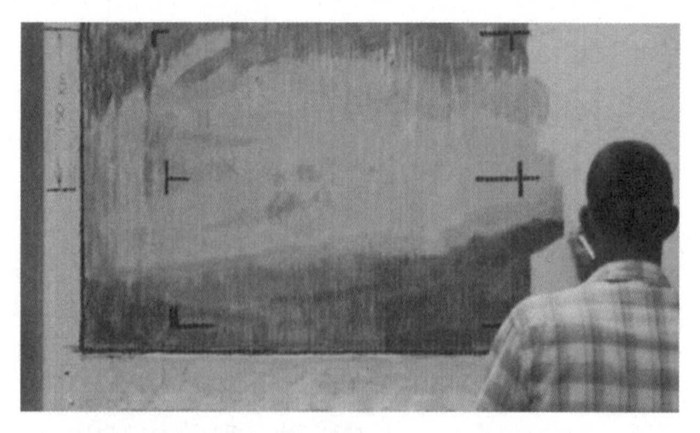

'색칠 그림' 제작 풍경 ©NASA/JPL-Caltech

천히 공전하는 화성을 추월할 기회가 2년 2개월 주기로 오기 때문이다. 이보다 넉 달에서 두 달 전에 지구에서 출발해야 한다. 이 기간을 '발사 가능 시간대launch window'라고 한다.

지구를 떠난 우주선은 〈그림 5〉처럼 태양을 반 바퀴 돌고 화성에 도착하는 '호만궤도'라는 항로로 나아간다. 항해에는 약 8개월이 걸린다. 이러면 곧장 화성으로 가는 것보다 훨씬 연료를 아낄 수 있다. 호만궤도로 항해하는 우주선에서 보면 화성을 향해 날아가는 것이 아니라, 화성이 비스듬한 각도로 점점 다가오는 것처럼 보인다.

화성에 거의 다 왔는데 만약 아무것도 하지 않으면 우주선은 그대로 화성을 지나치고 말 것이다. 로켓을 역분사하여 속도를 줄이고, 화성의 중력에 사로잡혀야 비로소 화성에 '입항'할 수 있다. 초기의 화성이나 금성 탐사선은 감속에 필요한 연료를 실을 여유가 없었다. 그래서 탐사선이 행성을 빠르게 지나치는 짧은 시간 동안 사진을 찍고 과학적인 관측을 해야 했다. 이런 탐사 임무를 '접근통과flyby'라고 한다.

항해는 절대 쉽지 않다. 현재까지 화성을 향해 출발한 탐사선은 총 45대다. 그중 겨우 23대만 화성에 도착할 수 있었다.

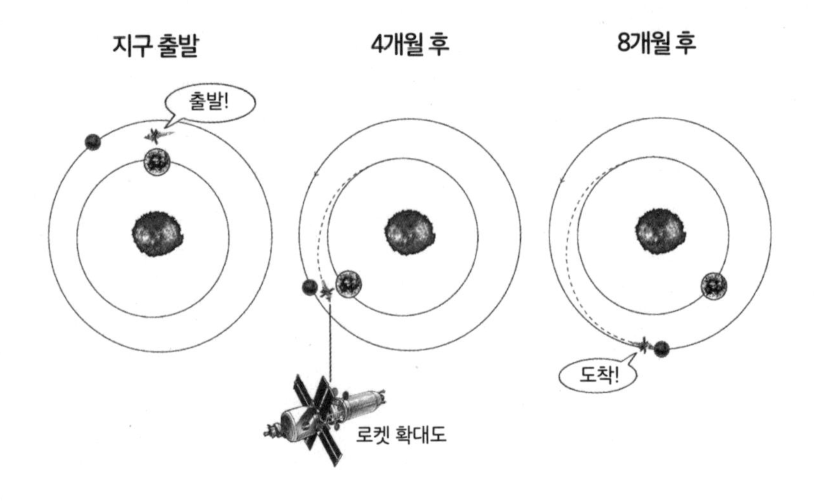

〈그림 5〉 화성을 향한 여정

다른 행성을 향해 출발한 최초의 탐사선은 1960년의 발사 가능 시간대에 쏘아 올린 소련의 화성 탐사선 두 대였지만, 결국 둘 다 실패했다. 소련은 이어서 1961년에 최초로 금성 탐사선을, 1962년에 다시 화성 탐사선 세 대를 쏘아 올렸지만 모두 다 실패로 끝났다. 역사상 최초로 다른 행성으로 가는 데 성공한 탐사선은 1962년에 쏘아 올린 미국의 금성 탐사선 매리너Mariner 2호다.[3]

3 참고로 미국에서는 달 탐사선보다 금성 탐사선 발사에 먼저 성공했다.

또한, 최초로 화성을 접근통과하는 데 성공한 탐사선은 1964년의 발사 가능 시간대에 쏘아 올린 미국의 매리너 4호다.

화성을 담은 최초의 디지털 사진

매리너 2호에는 오늘날 아주 흔한 어떤 장치가 달리지 않았다. 바로 카메라다. 필자는 예전에 여행 갈 때 카메라 전지를 집에 놓고 와서 아내에게 혼난 적이 있다. 만약 그런 상황이 아니라면 여행지에서 사진을 한 장도 찍지 않고 돌아올 일은 없을 것이다. 하물며 금성 여행이라면 사진은 필수가 아니겠는가? 하지만 매리너 2호는 카메라를 가지고 가지 않았다. 왜 그랬을까? 바로 구름 때문이었다. 금성은 표면 전체가 두꺼운 구름으로 뒤덮여 있기 때문에, 보통 카메라로는 지표를 촬영할 수 없다.

이와 달리 화성에는 구름이 없다. 물론 엄밀하게 말하면 화성에서도 몇 년에 한 번은 모래바람이 불기도 하고 드물게 구름이 생기기도 하지만, 기본적으로는 항상 맑은 날씨다. 그곳에 무언가가 있는 걸까? 무엇이 있는 걸까? 이 질문에 대한 답을 구하려면 꼭 카메라를 가져가야 했다.

그런데 한 가지 커다란 문제가 있었다. 대체 어떻게 화성에서 지구로 사진을 보내냐는 문제였다. 당시에는 카메라가 전부 아날로그 카메라였다. 디지털카메라가 익숙한 젊은 독자 중에는 아날로그 카메라 자체를 모르는 사람도 있을 것이다. 아날로그 카메라는 사진을 찍은 다음 필름을 꺼내서 사진관에 맡겨야 한다. 그리고 며칠 후에 다시 사진관에 가면 현상한 사진을 받을 수 있다. 왜 그렇게 시간이 걸리냐면, 필름을 화학 약품에 담갔다가 꺼내서 말리는 등의 작업을 거쳐야 하기 때문이다.

아날로그 사진을 우주에서 지구로 보내는 것은 대단히 어려운 일이었다. 예를 들어 옛날 첩보위성은 촬영한 필름을 캡슐에 넣어서 지구로 떨어뜨렸다. 아폴로 이전의 달 탐사선은 필름을 탐사선 안에서 현상한 다음 스캔해서 아날로그 신호로 지구에 송신하기도 했다. 앞 장에 나온 마거릿 해밀턴이 근무하던 MIT 계기연구소는 1950년대 후반에 무인 화성 탐사선을 구상했다. 화성까지 가서 아날로그 카메라로 사진을 찍은 다음, 지구로 돌아와서 필름이 든 캡슐을 투하한다는 계획이었다.

반면에 오늘날에는 아주 간편하게 사진을 보낼 수 있다. 바로 디지털카메라 덕분이다. 실은 처음으로 화성까지 가는 데 성공한 탐사선인 매리너 4호에 실려 있던 카메라가 바로 역사상 최초의 디지털카메라였다. 디지털카메라는 지구보다 화성에서 먼저 쓰였던 것이다.

이 디지털카메라는 겨우 200×200픽셀로, 오늘날 휴대전화에 달려 있는 카메라보다 훨씬 성능이 떨어진다. 화성을 지나치는 사이에 찍을 수 있는 사진은 고작 스물두 장뿐이었다. 5억 달러를 들여서 500만 킬로미터를 날아가 겨우 사진 스물두 장을 찍었던 것이다. 해상도는 1픽셀이 1킬로미터에 해당했다. 그래도 이는 당시의 어떤 망원경보다도 훨씬 더 뛰어난 해상도였다.

만약 화성에 강과 호수가 있다면 사진에 찍혔을 것이다. 초원이나 숲도 마찬가지였다. 만약 지적 생명체가 있었다면…… 꼭 커다란 운하가 아니더라도 소박한 문명을 일군 화성인이 있었다면, 마을과 논밭 등 뭔가 생활의 흔적이 보였을 것이다.

그곳에 무언가가 있는 걸까?

그곳에 무엇이 있을까?

인류가 수백 년 동안 품어 온 의문에 대한 대답이 이 스물두 장 사진 속에 있을 것이라고 다들 기대했다.

1965년 7월 15일. 매리너 4호가 화성을 접근통과하는 그날, JPL 기술자들은 안절부절못했다. 카메라 방향은 문제없을까? 사진 기록용 테이프는 제대로 작동할까? 탐사선은 화성을 단 한 번 지나치기 때문에 실패하면 끝장이었다. 기회는 한 번뿐이었다. 만약 실패하면 예산 5억 달러와 500만 킬로미터의 여정이 수포가 될 것이다.

탐사선이 화성을 통과한 지 8시간 30분 후, 불안한 듯 하늘을 향해 뻗은 안테나를 통해 데이터가 들어오기 시작했다. 우선 사진이 아니라 과학 측정 데이터부터 들어왔다. 며칠 후, 마침내 사진 정보가 도착했다. 통신 속도는 초당 8비트였다. 1픽셀은 6비트로 이루어져 있기에, 1픽셀을 내려받는 데 1초가 조금 안 되는 시간이 걸렸다. 즉, 고작 200×200픽셀 사진 한 장을 받는 데 8시간이 걸린다는 뜻이었다. 수신한 데이터는 숫자로 변환되었고, 전신타자기가 탁탁탁 소리를 내면서 1픽셀씩 종이에 쳐 냈다.

첫 번째 픽셀은 63이었다. 이는 검은색이라는 뜻이다. 다음 픽셀도 63이었다. 그다음 픽셀도 63이었다. 다들 불안해지기 시작했다. 혹시 카메라가 화성이 아닌 엉뚱한 방향을 바라보고 있던 것은 아닐까? 사진 스물두 장이 전부 다 새까만 것은 아닐까?

잠시 후 63이 아닌 픽셀이 나타났다. 그다음 픽셀도 63이 아니었다.

무언가가 찍힌 것이다!

무엇이 찍힌 것일까? 혹시 잡신호는 아닐까?

아쉽게도 사진 데이터를 수신해도 바로 사진을 볼 수는 없었다. 지금이라면 컴퓨터로 이미지 파일을 열면 바로 화면에 표시되지만, 1965년의 컴퓨터는 처리 속도가 아주 느려서 데이터를 화면에 표시하는 데 몇 시간이 걸렸기 때문이다. 하지만 기술자들은 도저히 기다릴 수 없었다.

누군가가 숫자가 찍힌 종이를 복도 벽에 붙이더니, 파스텔로 색을 칠하기 시작했다. 63은 검은색이다. 흑백사진이므로 40은 진한 회색이지만, 아마 실제로는 진한 빨간색일 것이다. 20은 분홍색이다. 0은 흰색이다. 이런 식으로 색을 칠하기 시작했다. 복도는 순식간에 화실이 되었다. 즉석에서 만든 디지털 캔버스 주위에 수많은 사람이 모여들었다. 그중에는 JPL 소장도 있었다.

색을 칠하다 보니, 어떤 모양이 보이기 시작했다. 검은 우주를 배경으로 둥근 '세계'가 드러나 있었다.

"화성이다! 화성이 찍혀 있어!"

고독을 발견하다

나는 미술관에서 그림을 감상할 때, 경비원에게 혼나기 직전까지 그림에 바짝 다가가서 붓놀림을 보는 것을 좋아한다. 때로는 그림 전체보다도 붓놀림 한 획을 통해 피카소Pablo Ruiz Picasso의 고독을, 고흐의 고뇌를, 고갱Paul Gauguin의 이상을, 모네Claude Monet의 미의식을 선명하게 느낄 수 있기 때문이다.

직장 복도에 걸려 있는, 처음으로 화성에서 보내온 '색칠 그림'을 볼 때도 나는 최대한 눈을 가까이 대고 본다. 다소 수상하게 여기기는 하겠지만, 미술관과 달리 잔소리를 하는 경비원은 없다.

눈을 가까이 대고 살펴보면, 나열된 차가운 숫자 위에 파스텔로 대충 난잡하게 칠한 흔적이 보인다. 이를 보다 보면 50년 전 기술자들이 느낀 터질 것 같은 흥분이 시간을 뛰어넘어 생생하게 전해져 온다.

나도 이 감정을 알고 있다. 직장에서 화성 사진을 볼 때 느끼는 그 흥분이다. 현대의 화성 궤도선은 1픽셀이 25센티미터인 엄청난 고해상도 사진을 보낼 수 있다. 매리너 4호 때와는 해상도가 만 배나 차이 난다. 하지만 가슴이 벅차오르는 흥분은 분명 똑같았을 것이다.

이 흥분은 사진을 봤던 엔지니어들만 느낀 것이 아니었다.

그곳에 무언가가 있는 걸까?

그곳에 무엇이 있을까?

이 의문에 대한 답을 추구했던 인류의 수백 년이나 쌓이고 쌓였던 호기심이 해방된 순간의 터질 것 같은 흥분인 것이다.

그럼 그곳에 무언가가 있었을까? 무엇이 찍혀 있었을까?

아무것도 없었다.

마을과 논밭은커녕 강도 호수도 숲도 초원도 없었다. 사진 스물두 장을 살펴보니, 화성 표면에는 달과 마찬가지로 운석구덩이만이 가득했다.

운석구덩이란 세계가 죽었다는 증거다. 지구에 운석구덩이가 거의 없는 이유는 지구에 운석이 떨어지지 않기 때문이 아니다. 달에는 운석구덩이가 수십만 개나 있고 지구에는 고작 190개밖에 없지만, 달이나 지구나 비슷한 빈도로 운석이 떨어지고 매번 구덩이가 생긴다. 하지만 달은 죽은 세계고 지구는 살아 있는 세

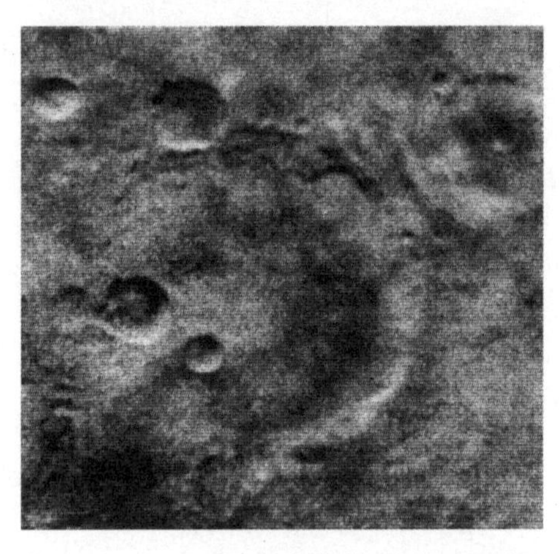

매리너 4호가 찍은 사진 스물두 장 중
가장 해상도가 높은 사진 ©NASA/JPL-Caltech

계라는 점이 다르다. 산 사람의 피부는 상처가 나도 낫지만, 죽은 사람은 그렇지 않다. 지구에서는 비바람에 의한 침식, 화산활동, 지각변동 때문에 계속 운석구덩이가 사라지지만, 지질학적으로 '죽은 세계'에는 수십억 년 동안 생긴 운석구덩이가 사라지지 않고 그대로 남는다. 세계 최초의 디지털 사진에는 화성의 죽은 모습이 찍혀 있었다.

화성이 죽은 세계라는 사실은 다른 과학 기기를 통해서도 확인할 수 있었다. 표면 기압은 0.004~0.007기압이었다. 이렇게 기

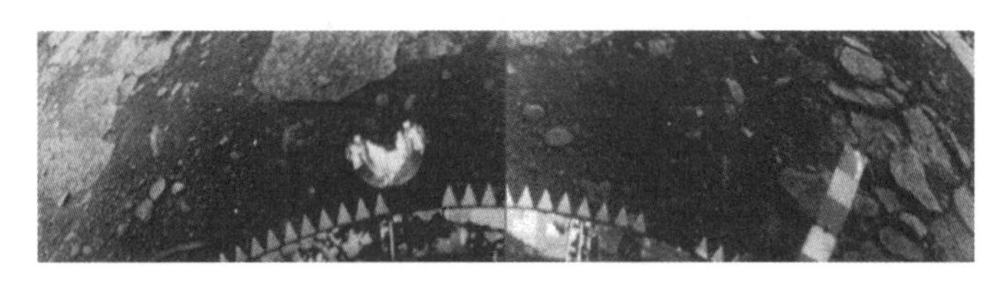

소련의 금성 착륙선 베네라 13호가 관측한 금성 지표 ©NASA

압이 낮으면 물은 액체 상태로 존재할 수 없다. 순식간에 기화하거나 얼어붙고 만다. 게다가 화성에는 자기장이 거의 없었다. 지구에 있는 우리는 자기장 덕분에 태양과 우주에서 날아오는 방사선으로부터 보호받을 수 있지만, 이 세계에는 방사선이 마구 내리쬐고 있었다.

금성에 생명이 존재할 가능성은 더 일찍 부정되었다. 1956년에 전파망원경[4]으로 금성을 관측해 보니 표면 온도가 300도 이상으로 측정되었다. 1963년에 금성을 접근통과한 매리너 2호는 이를 다시 한 번 확인했다. 금성의 실제 표면 온도는 460도였다. 만약 산소가 있다면 나무가 자연발화할 온도다. 그리고 금성의

4 전파는 구름을 뚫고 지나간다. 그래서 두꺼운 구름에 둘러싸인 금성과, 토성의 위성 타이탄의 지표에서 관측을 진행할 때는 주로 전파를 이용한다. 지구에서도 첩보위성은 똑같은 이유로 레이더를 사용할 때가 있다.

하늘에는 황산으로 이루어진 구름이 떠 있었다.

금성에 착륙하는 데 성공한 소련 탐사선은 결국 금성에 사망 선고를 내렸다. 너무 온도가 높은 나머지, 탐사선은 착륙 후 약 두 시간밖에 버티지 못했다. 이 짧은 시간 동안 찍힌 사진 속에는 그동안 인류가 상상했던 것과는 전혀 다른 적적하고 고요한 풍경이 펼쳐져 있었다. 이날 이후로 '금성인'은 과학소설에조차 등장하지 않게 되었다.

달, 금성, 화성은 모두 죽은 세계였다. 달은 그렇다 치더라도, 지구와 닮은 행성이라 무척 기대를 받았던 금성과 화성마저도 말이다. 이것이 1960년대에 진행한 태양계 탐사의 결론이었다. 가까운 행성도 이런 상태인데, 더욱 멀리 있는 세계에 대체 뭘 기대할 수 있단 말인가? 분명 태양계에는 운석구덩이가 가득한 죽은 세계만 가득할 것이다. 들판에 피는 꽃도, 봄에 우는 새도, 숲에서 나는 벌레도, 땅을 밟는 짐승도, 계곡에 흐르는 시냇물도, 불을 뿜는 산도 존재할 것이라고 상상할 수 없었다. 그런 텅 빈 우주에서 "무언가가 있는 걸까? 무엇이 있는 걸까?"라는 질문은 그저 허무하게 들릴 뿐이었다.

지구는 다시 한 번 우주에서 특별한 존재가 되었다. 그렇다고 다시 천동설로 돌아간 것은 아니었다. 이제 지구는 우주의 모든 별을 거느린 황제가 아니라, 시체가 가득한 전장에 홀로 남겨진 병사였다. 행성 탐사의 선구자인 매리너 2호와 4호는 지구가 절망적으로 고독하다는 사실을 발견한 것이다.

보이저—175년 만의 기회를 만난 여행자

사실 인류는 너무 성급하게 결론을 내렸다. 이는 마치 처음 받은 문자메시지 내용이 퉁명스러웠다고 해서, 상대방이 자신에게 관심이 없다고 생각하는 일이나 마찬가지였다. 결국 인류는 아직 이 드넓은 우주에 관해 아무것도 모르는 상태였다.

오늘날 인류는 다시 희망을 되찾았다. 물론 여전히 외계 생명체를 발견하지는 못했다. 하지만 외계 생명체가 존재할 가능성이 있는 장소를 몇 군데 찾기는 했다. 그리고 태양계 또한 오직 죽은 세계로만 이루어진 단조로운 장소가 아니었다. 모든 세계에는 자기만의 얼굴이 있었으며, 놀랍게도 적지 않은 세계가 지질학적으로 '살아' 있었다. 간신히 목숨을 부여잡고 있는 세계도 있고, 지구보다 더 격렬하게 살아가는 세계도 있었다.

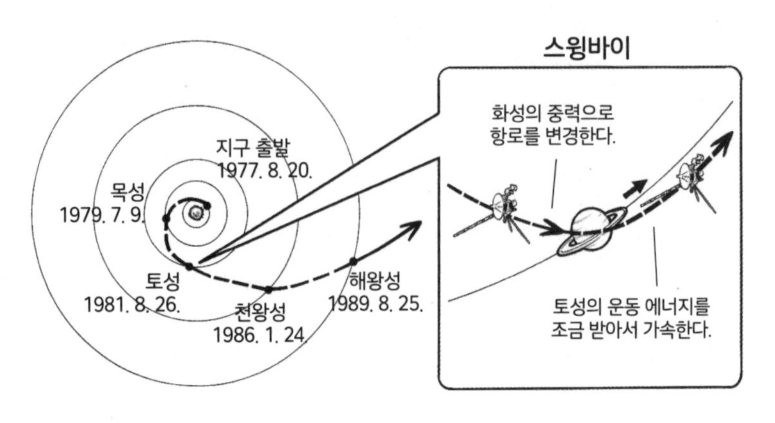

〈그림 6〉 보이저 2호의 여정과 스윙바이의 원리

인류가 되찾은 이 모든 희망은, 약 50년에 걸쳐 수십 대의 우주 탐사선이 다양한 세계를 방문하여 조금씩 쌓아 올린 성과였다. 그 내용을 전부 다 이 책에서 소개하는 것은 불가능하다. 다만 가장 큰 영향을 끼친 탐사선이 뭐냐고 묻는다면, 아마 전문가는 대부분 한 쌍둥이의 이름을 댈 것이다.

바로 보이저 1호와 2호다.

보이저 탐사선 이야기는 한 대학원생이 어떤 운명을 깨달으면서 시작됐다. 1965년의 일이었다. 마침 매리너 4호의 화성 접근통과 준비로 JPL이 아주 바빴을 무렵, 근처에 위치한 캘리포니아 공과대학California Institute of Technology에 다니는 게리 플랜드로

Gary Flandro라는 대학원생은 한 가지 재미있는 사실을 깨달았다. 바로 1983년에 목성, 토성, 천왕성, 해왕성이 전갈자리에서 사수자리에 걸친 대략 50도 범위에 늘어선다는 점이었다. 따라서 1976년부터 1978년 사이에 탐사선을 쏘아 올리면, 이 네 행성을 모두 순서대로 거쳐 갈 수 있었다.

열쇠는 '스윙바이swingby'라는 항법이었다. 스윙바이란 행성의 중력을 이용해서 우주선의 항로와 속도를 바꾸는 기술이다. 예를 들어 〈그림 6〉처럼 토성 뒤편을 스치듯이 지나가면 궤도가 앞쪽으로 휘므로 우주선은 대폭 가속할 수 있다. 대신 토성은 아주 약간 느려진다.[5] 즉 우주선은 토성에서 아주 약간 빼앗은 운동에너지를 이용해 가속한다는 뜻이다.

이렇게 스윙바이를 반복하며 목성, 토성, 천왕성, 해왕성을 순서대로 방문하면 된다. 플랜드로가 생각해 낸 이 여정은 '그랜드

5 혹시라도 목성의 운동에 문제가 생기지는 않을지 걱정할 필요는 없다. 예를 들어 보이저는 목성 스윙바이로 초속 16킬로미터(시속 5만 7000킬로미터)만큼 가속했고, 반대로 목성은 초속 0.00000000000000000001킬로미터만큼 감속했다. 태양계의 수명이 다할 100억 년 후까지 기다려도 3밀리미터 차이밖에 나지 않을 정도의 속도 변화다. 이는 보이저보다 목성이 훨씬 더 무겁기 때문이다.

투어Grand Tour'라고 불렀다. 한 번에 행성 네 군데를 거쳐 갈 수 있을 뿐만 아니라, 직접 가려면 30년이나 걸리는 해왕성을 '고작' 12년 만에 갈 수 있는 계획이었다. 그리고 이 행성들은 모두 미지의 세계이자 수수께끼로 가득 찬 곳이었다.

플랜드로는 한 가지 더 흥미로운 사실을 알아냈다. 그랜드 투어는 행성 네 개가 거의 같은 방향으로 늘어설 때만 가능한 일인데, 이 기회는 무려 175년에 한 번뿐이었다! 예전 기회는 1800년경에 있었다. 물론 그때는 탐사선을 쏘아 올릴 기술이 없었다. 다음 기회는 22세기다. 어쩜 이런 우연이 다 있을까? 마침 인류가 우주로 진출하고 행성 탐사선을 만드는 기술 수준에 도달했을 무렵에 175년에 한 번 있는 기회가 오다니 말이다.

운명이었을까? 나는 점성술을 전혀 믿지 않는다. 예를 들어 점성술에 따르면 내가 태어난 날에 금성이 처녀자리에 있었으므로 내게 어울리는 사람은 청순한 여성이라고 한다. 정말 바보 같은 소리다. 내 아내는 항상 전원이 켜져 있는 라디오처럼 말을 많이 하고, 그러는 편이 나도 즐겁다. 나와 아내는 별의 인도를 받아 만난 것이 아니다. 서로 수다를 떨다 보니 마음이 맞은 것뿐이다.

그런데 그런 나도 보이저의 그랜드 투어에서는 운명 같은 것이 느껴졌다. 목성, 토성, 천왕성, 해왕성이 마치 약속이라도 한 듯이 같은 방향에 늘어선 것은, 물론 과학적으로 보면 그저 우연일 뿐이다. 하지만 내게는 마치 행성이 인류를 부르고 있던 것처럼 느껴졌다. 어쩌면 우주는 인류가 우주를 더 깊게 이해하기를 바랐는지도 모른다. 행성은 고독하게 우주를 수십억 년이나 떠돌면서 계속 누군가가 찾아오기를 기다렸는지도 모른다. 고대인이 밤하늘의 별을 보며 느꼈던 '운명'이란 어쩌면 이런 것이 아니었을까?

보이저 궤도가 품은 비밀

역사를 바꿀 만한 아이디어는 대체로 세상에 받아들여지기 어려운 법이다. 플랜드로가 생각해 낸 그랜드 투어도 처음에는 거의 주목받지 못했으며, 탁상공론으로 취급받았다. 너무나 어려운 일이었기 때문이다. 세계 최초로 금성과 화성 탐사에 성공한 JPL 내부에서도 불가능하다는 의견이 지배적이었다. 결국 플랜드로는 졸업 후에 다른 진로를 택했다.

사실 어쩔 수 없는 일이었다. 1965년은 아직 암스트롱이 달에 '작은 한 걸음'을 내디디기 4년 전이었다. 우선 스윙바이 항법이 실제로 가능한지가 논란거리가 되었다. 12년 동안 계속 동작할 수 있는 우주 탐사선을 만드는 일이 불가능하다는 의견도 있었다. 화성으로 가는 여정도 겨우 8개월뿐이었다.

하지만 앞 장에서 소개한 아폴로계획 기술자들처럼, 상식을 믿지 않는 고집 센 선구자들이 끈기 있게 진행한 연구가 결국 불가능을 가능케 했다. 드라마에서는 감동적인 대사 한마디 때문에 반대하던 사람들이 마음을 돌리는 장면이 자주 나오지만, 현실에서는 있을 수 없는 일이다. 상식이라 불리는 거대한 바위에 어느 날 갑자기 날개가 돋아나서 어디론가 날아가는 일은 생기지 않는다. 그저 긴 시간을 들여 끈기 있게 계속 밀고 밀어야 아주 천천히 움직이는 법이다.

몇몇 JPL 연구자들은 플랜드로가 낸 아이디어를 이어받아, 금성 스윙바이 항법으로 수성으로 가는 방법을 연구했다. 항법 장치 정확도, 연료량, 탑재해야 할 센서 등을 면밀하게 검토하여, 결국 스윙바이 항법이 실현 가능함을 증명해 냈다. 이러한 이론적 성과와 함께, JPL은 금성과 화성 탐사도 각각 성공시키면서 자신감을 키웠다. 아폴로계획 성공으로 우주 비행사가 달에서 걸었을 무렵에는 이미 JPL에서 그랜드 투어는 꿈 같은 이야기가 아니라 현실적인 가능성이 되어 있었다.

나사 본부도 처음에는 긍정적인 반응을 보였다. 무인 탐사에는 관심이 없었던 폰 브라운마저도 적극적으로 지지했다고 한다. 하지만 나사 본부는 그랜드 투어 예산을 보더니 태도를 바꾸었다. 당시 나사에서 가장 우선순위가 높은 사업은 우주왕복선 계획이었다. 게다가 닉슨Richard Milhous Nixon 대통령은 나사 예산을 대폭 줄여 버렸다. 따라서 해왕성 탐사에 들일 돈이 없는 상황이었다.

그렇다고 175년에 한 번 있는 기회를 놓칠 수는 없었다. JPL이 나사 본부와 워싱턴의 정치가를 끈기 있게 설득한 끝에 목성, 토성과 그 위성인 타이탄만을 대상으로 한 '매리너 주피터 새턴Mariner Jupiter Saturn, MJS'이라는 임무를 승인받을 수 있었다. 예산이 더 늘어나지 않도록, 토성보다 먼 곳으로 가기 위한 기기는 탑재할 수 없다는 제한도 있었다.

하지만 정치가가 아무리 금지한다 한들, 그랜드 투어를 향한 상상력에 홀린 기술자들의 마음을 억제할 수는 없었다. 워싱턴 정치가에게는 어디까지나 목성과 토성을 탐사하는 임무인 척했지만, 패서디나에 있는 JPL 기술자들은 몰래 해왕성으로 가는 12년짜리 여행을 준비했다. 예를 들어 태양 위치 검출용 센서를 태양에서 100천문단위 이상 떨어진 곳에서도 작동하도록 설계했다. 1천문단위란 태양과 지구 사이 거리다. 100천문단위는 태양과 해왕성 사이의 거리보다 세 배나 멀다. 발사 시기도 그랜드 투어에 적합한 1977년으로 정했다. 또한 'MJS' 대신 '보이저'라는 새로운 이름을 붙였다. 영어로 여행자라는 뜻이다. JPL 기술자가 어떤 의미로 이런 이름을 붙였는지는 쉽게 상상할 수 있을 것이다.

그리하여 보이저 1호와 2호가 태어났다. 과거의 울퉁불퉁한 탐사선과 달리 이들 쌍둥이의 모습은 고상하고 기품 있어 보였다. 본체에는 100천문단위 거리에서도 지구와 통신할 수 있는 하얗고 커다란 파라볼라 안테나[6]가 달려 있고, 가늘고 긴 팔들 끝에는 800×800픽셀 디지털카메라와 각종 관측 장비가 달려 있었다. 컴퓨터에는 당시의 최첨단 기술을 동원한 자율 수리 기능이 탑재되어 있었고, 여행 기록을 저장하기 위한 8트랙 테이프

6 전파의 반사면에 포물면을 사용한 지향성 안테나. 접시 안테나라고도 한다.(역자 주)

레코더도 실려 있었다.

1977년 8월 20일에 동생에 해당하는 보이저 2호가 먼저 지구를 떠났고, 이어서 16일 후에 보이저 1호도 출발했다. 나중에 쏘아 올린 쪽이 1호인 이유는 중간에 2호를 앞지를 예정이었기 때문이다.

실은 워싱턴의 정치가가 몰랐던 사실이 한 가지 더 있었다. 바로 보이저 2호의 궤도에는 기술자만 알고 있는 어떤 비밀이 있었다는 점이다.

운명의 장난으로 엮인 지구와 화성

보이저 탐사선이 지구에서 여행 준비를 하던 무렵, 다른 탐사선이 화성의 진실을 밝혀내려 하고 있었다.

최초의 화성 탐사선인 매리너 4호는 접근통과 방식으로 화성을 관측했다. 급행열차처럼 화성을 통과하는 순간에 사진을 스물두 장 찍는 것이 전부인 임무였다. 하지만 탐사선 기술이 발전하면서 화성에 대한 이해도 점점 깊어져 갔다.

1971년에 화성에 도착한 매리너 9호는 〈그림 7〉 오른쪽 위처

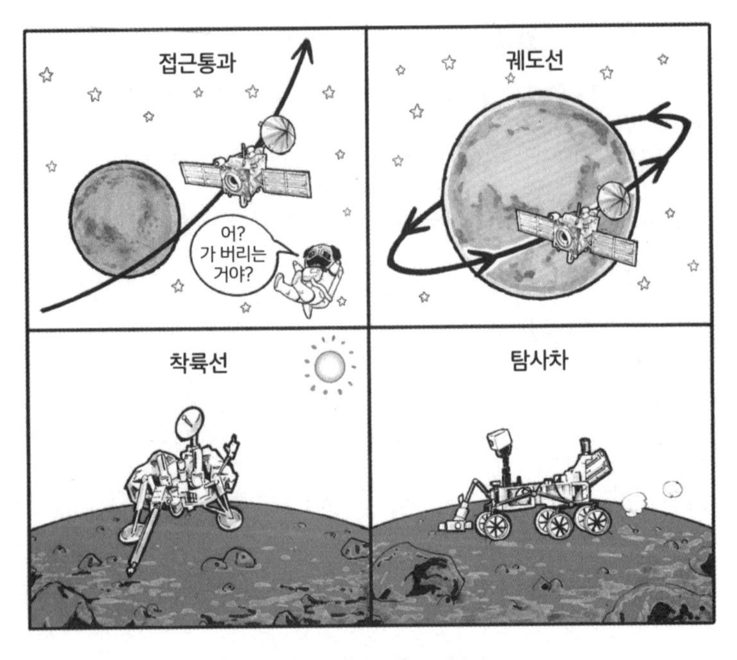

〈그림 7〉 우주 탐사선 종류

럼 엔진을 역분사하여 화성의 중력에 포착됨으로써 사상 최초로 화성의 인공위성이 되었다. 그 후 약 1년이 채 되지 않는 기간 동안 화성 주위를 빙빙 돌면서 무려 7329장이나 되는 사진을 보내왔다. 이처럼 탐사 대상의 인공위성이 되는 탐사선을 궤도선이라고 부른다. 궤도선은 접근통과 방식보다 훨씬 더 많은 정보를 모을 수 있다.

이어서 1976년, 바이킹Viking 1호와 2호가 사상 최초로 화성 착륙에 성공했다. 착륙할 수 있는 탐사선을 착륙선이라고 한다. 궤도선이 넓은 범위에 걸쳐서 정보를 모을 수 있다면, 착륙선은 착륙 지점을 세밀하게 관측할 수 있다.

오늘날에는 바퀴가 여섯 개 달린 탐사차가 화성의 붉은 대지를 달리고 있다. 탐사차는 착륙선의 관측 범위를 점에서 선으로 확장했다.

참고로 2020년에는 드론이 화성에서 날고 있을지도 모른다. 만약 실현된다면, 마스 헬리콥터 스카우트Mars Helicopter Scout라는 3킬로그램짜리 소형 드론이 나사에서 보낸 탐사차와 함께 화성에 가서 하늘을 날 것이다.

그러면 여태까지의 탐사를 통해 인류의 화성관은 구체적으로 어떻게 바뀌었을까? 매리너 4호가 보내온 사진 스물두 장을 보고 사람들은 화성이 죽은 세계라고 판단했다. 크게 보면 맞는 말이지만, 간과한 점이 두 가지 있다. 하나는 사진에 찍힌 모습은 화성의 현재 모습이지, 과거 모습은 아니라는 점이다. 또 하나는 화성의 모든 장소가 천편일률적으로 똑같다는 보장이 없다는 점이다.

그럼 과거 화성에는 대체 무엇이 있었을까?

물이다. 대략 40억 년 전, 화성에는 액체 상태인 물이 있었다. 매리너 9호가 보내 온 사진에는 구불구불한 강과 삼각주 등, 명백히 물이 흐른 결과 만들어진 것으로 보이는 지형이 찍혀 있다. 바다가 존재했을 가능성도 있다. 이어서 1997년에 화성 탐사선인 마스 글로벌 서베이어Mars Global Surveyor가 화성 전체의 표고 지도를 만들었고, 북반구 표고가 남반구보다 1~3킬로미터나 낮다는 사실이 밝혀졌다. 과거에 화성 북반구는 바다고, 남반구는 대륙이었는지 모른다. 과거에는 화성은 붉은 행성이 아니라 푸른 행성이었는지도 모른다.

2004년에 화성에 착륙한 탐사차 스피릿Spirit과 오퍼튜니티Opportunity가 결정타를 날렸다. 물속에서만 만들어질 수 있는 광물질과, 물이 흐른 결과로 모양이 둥그레진 돌을 찾아낸 것이다. 이제 과거 화성의 표면에 액체 상태 물이 존재했다는 사실을 아무도 부정할 수 없게 되었다. 이는 화성에도 짙은 대기와 온난한 기후가 있었다는 뜻이다. 인류는 지구가 태양계에서 유일한 오아시스인 줄 알고 있었다. 그런데 40억 년 전에는 오아시스가 두 개였던 것이다.

흥미로운 점은 40억 년 전이라는 시점이다. 이는 마침 지구에 생명이 태어났을 무렵이다. 태양계 안 이웃한 두 세계가 아주 비슷한 환경이었고, 그중 한쪽에 생명이 태어났다. 그렇다면 누구나 이렇게 생각할 것이다.

"다른 한쪽에도 무언가가 있었던 것일까?"

현재의 화성도 단순한 사막 행성이 아니다. 적도 부근에는 표고 2만 5000미터나 되는, 다시 말해 에베레스트의 2.5배나 되는 태양계 최고봉인 올림포스 화산이 있다. 산꼭대기는 거의 우주 공간이나 마찬가지며, 낮에도 하늘이 어둡고 별이 빛나고 있다. 산 동쪽에는 타르시스 고원이 펼쳐져 있다. 표고가 3000미터에서 8000미터이며, 넓이가 남극대륙만 한 커다란 고원이다. 타르시스 동쪽 끝에는 깊게 베인 상처처럼 보이는 매리너스 협곡Valles Marineris이 있다.[7] 길이가 4000킬로미터, 깊이가 7000미터나 되는 태양계에서 가장 큰 협곡이다. 평균 깊이가 1200미터인 그랜드캐니언도, 매리너스 협곡과 비교하면 어린아이처럼 보인다.

매리너스 협곡에는 가끔 안개가 낀다고 한다. 땅에 서리가 내

7 이를 발견한 매리너 탐사선의 이름을 따서 매리너스 협곡이라고 불린다.

화성의 매리너스 협곡에 낀 안개 ©NASA/JPL-Caltech

릴 때도 있다. 화성 탐사차가 하늘에 구름이 떠 있는 모습을 촬영하기도 했다. 약간이긴 하지만 눈도 내린다. 극지방에서 지표를 몇 센티미터 파 보니 얼음층도 있었다. 화성 지하에는 많은 물이 얼음 형태로 잠들어 있다. 더욱더 흥미로운 사실은 수천만 년 전에 분화한 것으로 보이는 용암 지형이 발견된 일이다. 수천만 년 전이라고는 하지만 행성의 시간으로 치면 어제나 다름없다. 현재도 화성의 화산활동은 완전히 정지하지는 않은 것으로 보인다. 화성은 완전히 죽지는 않았다. 간신히 숨만 붙어 있는 상태이기는 하지만, 지질학적으로 아직 살아 있는 것이다.

지구와 화성은 40억 년 전까지만 해도 쌍둥이와 같은 세계였는데, 왜 화성만 거의 빈사 상태에 빠진 것일까? 태양에서 너무 멀었기 때문일까? 불행한 사고가 일어났기 때문일까? 혹은 행성이 걸리는 병 같은 것이 있는 것일까?

화성 표면에 물이 없는 이유는 대기가 사라져서 기온과 기압이 떨어졌기 때문이다. 그럼 왜 대기가 사라진 것일까? 이는 여전히 수수께끼로 남아 있다. 한 가지 가설을 세워 보자면, 화성의 크기가 작았기 때문일 수 있다. 화성 지름은 지구의 절반 정도이며, 질량은 11퍼센트 정도밖에 되지 않는다. 중력이 약하면 대기를 끌어당기는 힘도 약할 수밖에 없다. 또한 크기가 작으면 금방 차가워진다. 큰 찐빵보다 작은 만두가 더 빨리 식는 것과 같은 이치다. 행성이 차가워지면 내부에 있는 핵의 대류가 멈춘다. 그러면 '다이너모dynamo'라고 불리는 자기장을 만들어 내는 기능도 멈추고 만다. 자기장이라는 방어막을 잃은 결과, 태양풍이 화성의 대기를 깎아 냈을 가능성이 있다.

그럼 왜 화성은 크기가 작은 것일까? 이 또한 수수께끼다. 흔히 '화성 문제'라 불리는 불가사의인데, 태양계 형성 과정을 시뮬레이션한 결과 화성이 있는 자리에는 지구와 똑같은 크기의 행성이 생겨야 한다는 사실이 밝혀졌다.

어쨌든 화성 표면에서 물이 사라진 것은, 필연이라기보다는 운명의 장난에 가까울 것이다. 운명이 조금만 달랐으면, 화성이 아니라 지구가 죽었을지도 모른다. 또한 아직 화성에 강이 흐르고 바다가 존재했을지도 모른다. 만약 40억 년 전에 화성에서 생명이 태어났다면, 고등 생물이나 지적 생명체로 진화했을까? 인류는 이들과 공존할 수 있었을까? 혹은 한쪽이 다른 한쪽을 침략했을까?

살아 있는 세계, 목성의 연인들

바이킹 탐사선이 화성을 조사하고 있을 무렵, 보이저 1호와 2호는 화성 궤도를 그냥 지나치고 1979년에 목성을 접근통과했다. 목성 표면에는 아름답게 소용돌이치는 무늬가 있어서 마치 고흐의 그림 〈별이 빛나는 밤〉처럼 보였다. 그런데 실제로 가장 큰 발견은 목성이 아니라 목성의 위성에서 이루어졌다. 살아 있는 세계를 무려 두 개나 찾아낸 것이다.

목성에는 현재 알려진 위성만 해도 69개가 있다. 이 위성들의 이름에 관한 토막 지식을 소개하겠다. 목성은 영어로 주피터Jupiter라고 하는데, 이는 로마신화의 주신 유피테르Jupiter에서 따온 이름이다. 유피테르는 호색한이라 아내와 연인이 수십 명이나 있었다. 그래서 목성의 위성 대부분에는 유피테르가 사랑한 여신 이름이 붙었다.

그중 특히 커다란 위성이 네 개 있다. 안쪽부터 순서대로 이오Io, 유로파Europa, 가니메데Ganymede, 칼리스토Callisto다. 이 목성의 연인들을 관측하는 일이 보이저 쌍둥이의 사명이기도 했다.

3월 5일. 목성 가까이로 접근한 지 3시간 후, 보이저 1호는 이오에서 불과 2만 2000킬로미터 거리를 통과했다. 과학자들은 그 기묘한 모습에 몹시 놀랐다. 사춘기를 맞은 여드름투성이 얼굴처럼, 누런 지표 여기저기 검은 반점으로 가득했기 때문이다.

더욱 신기했던 점은 운석구덩이가 전혀 보이지 않았다는 것

목성의 위성 이오의 화산에서 피어오르는 연기
©NASA/JPL-Caltech/University of Arizona

이다. 이는 무언가가 끊임없이 운석구덩이를 지우고 있다는 뜻이었다. 대체 무엇이란 말인가?

답은 아주 우연히 밝혀졌다. 린다 모라비토Linda A. Morabito라는 당시 스물여섯 살이었던 젊은 JPL 기술자가 보이저 탐사선의 정확한 위치를 알아내기 위해 이오의 사진을 자세히 살펴보고 있었다. 사진 밝기를 조절하면서 보다가 뭔가 기묘한 것을 발견했다.

"이게 뭐지? 이 혹은 대체 뭘까?"

이오 가장자리에 우산처럼 생긴 둥근 뭔가가 튀어나와 있었다. 카메라의 잡신호는 아니었다. 다른 위성이 찍힌 것도 아니었다. 그리고 우산 위치는 검은 여드름과 똑같은 자리였다. 다양한 가설을 신중하게 검토한 결과, 단 한 가지 가설만이 남았다. 너무나도 터무니없는 가설이었지만 이 현상을 설명할 수 있는 유일한 방법이었다.

"이건 화산이잖아."

사상 최초로 지구 이외의 세계에서 발견된 활화산이었다. 게다가 하나만이 아니었다. 무려 아홉 개나 발견했다. 그중에서도 펠레Pele라는 화산은 무려 에베레스트의 30배 높이까지 연기를 뿜어내고 있었다(펠레는 하와이 신화에 나오는 화산의 여신이다. 그 밖에도 아마테라스와 스사노오 등 일본 신화에서 유래한 이름이 붙은 화산도 있다).

이후 조사에 따르면, 이오에는 활화산이 수백 개 있다고 한다. 지구의 달과 거의 같은 크기인 이 작은 세계는, 화구 수백 개가 쉴 새 없이 내뿜는 용암으로 뒤덮여 있었다.

이오는 지질학적으로 살아 있는 세계였다. 지구보다도 더욱 격렬하게 살아가고 있었다.

이오보다 바깥쪽 궤도를 돌고 있는 유로파에서는 더욱더 놀라운 소식이 전해졌다. 유로파 표면이 얼음으로 뒤덮여 있다는 사실은 이미 보이저가 방문하기 전부터 알려져 있었다. 이는 딱히 특별한 일이 아니다. 표면이 얼음으로 뒤덮인 위성을 '얼음 위성'이라고 하는데, 갈릴레이위성[8] 네 개 중 이오를 제외한 나머지 세 개가 얼음 위성이다. 또한 토성의 위성 타이탄, 엔켈라두스, 미마스Mimas, 천왕성의 위성 미란다Miranda, 해왕성의 위성 트리톤Triton 등 목성보다 먼 곳에 있는 위성은 대부분 얼음 위성이다. 천왕성과 해왕성도 내부에 얼음이 가득한 '얼음 행성'으로 추

8 갈릴레이가 발견한 목성의 네 위성. 이오, 유로파, 가니메데, 칼리스토가 해당한다.(역자 주)

정된다. 물은 우주에서 대단히 흔한 물질인 셈이다.

하지만 보이저 2호가 촬영한 유로파 사진을 보니, 한눈에 이 세계가 단순한 얼음 위성이 아님을 알 수 있었다. 우선 이오만큼은 아니지만, 유로파도 운석구덩이가 매우 적었다. 그리고 놀라울 정도로 평평했다. 유로파에서 '가장 높은 산의 정상'과 '가장 깊은 골짜기 바닥'의 고저 차는 고작 10~20미터였다. 표면 모양도 기이했다. 이곳저곳에 직선적인 균열이 보였고, 어떤 장소에서는 표면에 적갈색 물질이 보였다. 과학자는 또다시 이 수수께끼 같은 관측 결과를 설명할 가설을 찾아야 했다. 이는 마치 흩어져 있는 퍼즐을 하나하나 맞춰 가는 작업 같았다.

열쇠는 바로 지구에서 얻은 지식이었다. 과학자들은 유로파를 보고 지구의 북극과 남극에 떠 있는 얼음을 연상했다. 평평한 표면, 직선적인 균열, 끝없이 변화하는 지형……. 그렇다. 만약 유로파 표면 전체가 바다 위에 떠 있는 얼음이라면, 모든 관측 결과를 설명할 수 있었다.

그럼 얼음 아래에 바다가 있는 것일까? 위성 전체를 뒤덮는 드넓은 바다가 지하에 존재한다는 말인가?

과학소설에서도 찾아볼 수 없었던 대담한 가설이었다. 1995

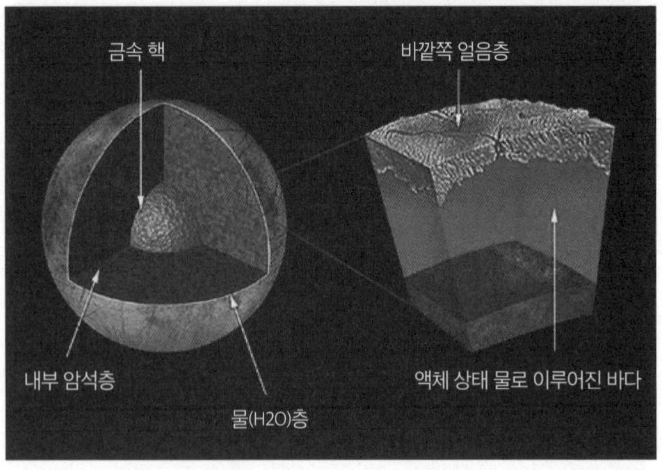

위_목성의 위성 유로파 ©NASA/JPL-Caltech/SETIInstitute
아래_유로파의 지하에 있는 바다의 상상도 ©NASA/JPL-Caltech

년에 목성 궤도에 투입된 갈릴레오Galileo 궤도선으로 관측한 결과, 이 가설을 뒷받침하는 증거를 발견할 수 있었다. 두께가 수십 킬로미터나 되는 얼음 아래에 숨어 있는 이 바다는 지구보다 물양이 두세 배나 많은, 태양계에서 가장 큰 바다로 추정된다. 우주라는 사막에 떠 있는 오아시스는, 지구 하나만이 아니었다.

그럼 이제 다들 비슷한 생각을 할 것이다.

'그곳에 무언가가 있는 걸까?'

의문을 남긴 채 보이저는 목성을 뒤로하고 토성으로 향했다.

토성의 달에 내리는 차가운 비

보이저의 발견 이후 수많은 조사를 한 결과, 얼음 행성 지하에 바다가 존재하는 사례가 매우 많다는 사실이 밝혀졌다. 목성의 가장 큰 위성인(태양계에서 가장 큰 위성이기도 하다) 가니메데, 토성의 위성인 타이탄과 엔켈라두스 지하에도 바다가 있는 것으로 추정된다. 또한 목성의 위성 칼리스토와 해왕성의 위성 트리톤의 지하에도 바다가 있을 가능성이 있다. 바다가 있다는 말은 얼음을 녹일 정도의 열원이 있다는 이야기다. 그리고 열원이 있다는 말은 곧 생명이 존재하는 데 꼭 필요한 조건인 에너지가 있다는 뜻이다.

특히 토성의 위성인 타이탄과 엔켈라두스가 흥미롭다.

타이탄은 지하에 바다가 있을 뿐만 아니라, 지표에 호수도 있다. 다만 물이 아니라 메테인으로 이루어진 호수다. 이 세계는 항상 두꺼운 구름으로 뒤덮여 있고, 메테인비가 내린다. 빗방울이 모여 강을 이루고, 산을 따라 흐르며 호수로 이어진다. 하지만 두꺼운 구름 때문에, 보이저의 카메라로는 강과 호수 사진을 찍을 수 없었다.

유로파 때와 마찬가지로, 보이저 쌍둥이는 위와 같은 가설을 세우는 데 도움이 되었다. 메테인으로 이루어진 비와 호수라는 가설을 과학적 사실로 만든 것은 바로 2004년에 토성 궤도에 투입된 카시니Cassini 궤도선이다. 카시니에 달린 레이더를 이용해 구름을 뚫고 위성 표면을 관측할 수 있었다. 카시니에는 한 승객이 타고 있었다. 바로 유럽우주국의 타이탄 착륙선인 하위헌스Huygens호다. 2004년에 하위헌스호는 타이탄 대기에 돌입하여, 낙하산을 펴고 천천히 떨어지면서 관측을 시작했다. 그러자 강과 호숫가로 보이는 지형이 보였다. 하위헌스호가 착륙한 곳은 호숫가 근처 늪지대로 추측된다. 뒤에 소개한 사진이 바로 인류가 유일하게 손에 넣은 타이탄 지표의 모습이다.

타이탄의 흙은 유기물로 이루어져 있었다. 흙 아래에는 유로파처럼 얼음층이 있고, 그 아래에 물로 이루어진 바다가 있다. 즉, 이 바다 위에는 생명체를 구성하는 유기물이 있고, 아래에는 생명체가 활동하는 데 필요한 에너지가 존재할 가능성이 있다.

엔켈라두스에 '간헐천'이 있다는 사실은 21세기에 이룬 태양계 내부의 발견 중 가장 놀라운 것이었다. 엔켈라두스는 지름이 약 500킬로미터 정도인, 토성의 작은 얼음 위성이다. 보이저가 엔켈라두스를 탐사한 결과, 몇 가지 신기한 사실이 밝혀졌다. 우선 적도를 기준으로 남쪽 영역에는 운석구덩이가 거의 없었다. 이 세계가 살아 있다는 뜻이지만, 이런 작은 세계에 지각 활동이 있을 것 같지는 않았다. 또한 토성에는 E 고리라 불리는 옅은 고리가 있는데, 그 고리 중 가장 밀도가 높은 부분이 엔켈라두스의 궤도와 일치했다. 이 세계에는 분명 무언가가 있다. 보이저 쌍둥이는 토성에서도 수수께끼를 남긴 채 떠나갔다.

이 수수께끼는 토성에 투입된 카시니 궤도선이 풀었다. 카시

왼쪽_하강 중인 하위헌스가 관측한, 타이탄의 호숫가로 보이는 지형
오른쪽_타이탄의 지표에서 송신된 유일한 사진

니호가 촬영한 엔켈라두스의 남극 부근 사진을 보니 뭔가가 하늘 높이 치솟고 있었다.

엄청난 양의 수증기가 분출되는 모습이었다(책 첫머리에 실린 사진 참조). 유로파와 마찬가지로 엔켈라두스에도 두꺼운 얼음층 아래에 광대한 바다가 있으며, 얼음 틈새에서 소금물이 뿜어져 나오고 있었던 것이다. 이 분수는 높이가 500킬로미터나 되며, 이 중 일부는 탈출속도를 넘어서 우주로 튀어 나가 토성 고리의 일부가 되었다. 이것이 바로 E 고리의 정체였다. 그리고 이 세계의 바다에도 생명이 존재할 가능성이 있다.

천왕성과 해왕성으로 향하는 보이저 2호

1980년 11월에 보이저 1호는 토성과 타이탄 조사를 성공적으로 마쳤으며, 보이저 2호는 토성 스윙바이까지 아직 9개월 정도 남은 상태였다. 이때 기술자들은 보이저 2호 궤도에 관한 '비밀'을 밝혔다.

행성과 위성의 위치 관계상, 타이탄을 방문하면 천왕성과 해왕성으로는 갈 수 없다.[9] 따라서 둘 중 하나를 택해야 한다. 1호의 궤도는 타이탄 쪽이었다. 그런데 2호의 궤도는 둘 중 한 궤도를 택할 수 있도록 설계되어 있었다. 토성에 접근하는 각도와 거리를 조정함으로써, 스윙바이 후 목적지를 변경할 수 있었기 때문이다. 이것이 바로 기술자들이 숨겼던 비밀이었다.

만약 보이저 1호가 타이탄 탐사에 실패했다면, 보이저 2호도 타이탄으로 향할 예정이었다. 다행히 1호가 타이탄을 충분히 탐사했으니, 보이저 계획의 본래 목적은 모두 달성한 셈이었다.

9 토성의 자전축은 25도나 기울어져 있고, 타이탄의 공전면도 거의 비슷한 각도로 기울어져 있다. 따라서 토성의 춘분과 추분에 맞춰 가지 않는 한, 타이탄에 접근하면 토성 스윙바이 후에 탐사선의 궤도가 황도면에서 크게 벗어나므로 천왕성과 해왕성으로 갈 수 없게 된다.

이런 상황에서 기술자들은 보이저 2호의 목적지를 천왕성과 해왕성으로 변경할 수 있다는 사실을 밝혔다. 이미 보이저 1호가 이룬 압도적인 성과를 직접 확인한 상태였기에, 아무도 반대하지 않았다. 워싱턴의 관료들 또한 천왕성과 해왕성을 보고 싶었다. 그리하여 마침내 그랜드 투어 길이 열렸다. 아니, 보이저 1호가 2호를 위해 길을 열어 준 것이다.

보이저의 임무를 계획한 JPL의 기술자 로저 버크Roger Bourke도 이 음모를 꾸민 사람 중 하나였다. 버크는 이렇게 말했다.

"이것은 관료주의에 맞선 기술자의 작은 승리라고 생각합니다. 전 인류의 영구적인 이익을 위한 일이었지요."

1981년 8월, 토성은 그 거대한 중력으로 보이저 2호의 궤도를 바꿔서 다음 목적지로 향하게 했다. 아직 그 누구도 다가간 적이 없는 천왕성과 해왕성을 향한 여정이었다.

상상력의 불을 끄지 않는 한…

매리너, 보이저, 카시니 등의 탐사선이 몇 번이나 인류의 우주관을 바꿔 왔던 과정을 돌이켜 보면 실감할 수밖에 없는 사실이 있다. 바로 인류는 아직 아는 것이 얼마 없다는 것이다.

현재 과학자가 믿고 있는 수많은 가설도, 과학소설 작가가 상상하는 우주관도, 학생이 읽을 교과서도 앞으로 수없이 바뀌어 갈 것이다. 21세기에 사는 우리가 금성인이 등장하는 과학소설을 고리타분하게 여기듯이, 미래 인류는 우리 우주관을 진부하다고 생각할 것이다. 미래인에게 현재 인류는 아무것도 모르는 어린아이처럼 보일 것이다. 우주는 끝없이 넓다. 반면에 인류는 한없이 작다. 확실히 인류는 태양계 모든 행성에 탐사선을 보냈다. 하지만 은하계에 존재하는 행성 수는 약 1000억 개라고 한다. 인류는 아직 1000억분의 8만큼밖에 모르는 셈이다.

무지함을 자각하는 것은 자기 자신을 깎아내리는 일이 아니다. 오히려 그 반대다. 논어에서 이르길 "모르는 것을 모른다고 하는 것이 진짜 앎이다"라고 했다. 모른다는 사실을 깨닫는 일이 곧 무지를 극복하기 위한 첫 단계다.

갈릴레이Galileo Galilei는 기존의 기독교적 우주관을 부정하는 지동설을 주장했기에 재판을 받아야 했다. 반면에 아인슈타인은 고전물리학을 부정하는 광양자설을 제창하여 노벨상을 받았다. 이는 단순히 시대가 달랐기 때문이 아니다. 갈릴레이가 받은 종교재판처럼 과학 발전을 거부한 사례는 현대에도 많다. 이는 지식을 대하는 태도에 달린 문제다. 기존 지식을 맹신하지 않고 지식의 불완전성을 자각해야 한다는 뜻이다. '나는 아직 아무것도 모른다.' '나는 틀렸을지도 모른다.' 이 겸허한 자각이 바로 과학의 본질이다. 그리고 이것이야말로 발전을 위한 원동력이다.

무지를 자각하는 것은 쉬운 일이 아니다. 우물 안 개구리는 자신이 세상 모든 것을 안다고 생각하는 법이다. 여러분 주변에도 그런 개구리 같은 사람이 있을지도 모른다. 인간은 대체로 자기가 실제로 아는 것보다 더 많이 알고 있다고 생각한다. 이유는 간단하다. 자기가 무엇을 모르는지 미리 알 수 없기 때문이다. 예를 들어 근대까지 인류는 천왕성과 해왕성을 몰랐다. 소크라테스Socrates는 자신이 천왕성과 해왕성을 모른다는 사실을 알 수 있었을까? 베토벤Ludwig van Beethoven은 자신이 로큰롤을 모른다는 사실을 알 수 있었을까?

모른다는 사실을 아는 것. 이 모순적인 인식을 가능케 하는 신기한 힘이 인간에게는 있다. 바로 상상력이다.

설사 천왕성과 해왕성이 존재하는지 모른다 해도, '우주에는 미지의 행성이 있을지도 모른다'고 상상할 수 있다. 설사 전자기

타를 모른다 해도, '아직 본 적이 없는 악기가 있을지도 모른다'고 상상할 수 있다. 설사 외계 생명체를 본 적이 없다 해도, '그곳에 무언가가 있을지도 모른다'고 상상할 수 있다. 과학, 기술, 예술 등 인류의 창조적 활동은 모두 상상력에서 나온다.

아직 인류가 모르는 1000억분의 999억 9999만 9992를 향해 우리의 여행은 이어질 것이다. 아마 몇만 년, 몇억 년이 걸릴 것이다. 그곳에 무언가가 있을까? 그곳에 무엇이 있을까? 과학자의 가설과 인류의 우주관도 마치 짝사랑 때문에 흔들리는 젊은이의 마음처럼 계속 흔들릴 것이다. 이 과정은 영원히 끝나지 않겠지만, 인류의 인식은 조금씩 진실에 다가갈 것이다. 우리가 상상력의 불을 끄지 않는 한 말이다.

신비한 푸른빛 별, 해왕성

토성에서 보이저 1호와 헤어진 보이저 2호는 고독한 여행을 계속했고, 1989년에 지구에서 가장 먼 행성인 해왕성에 도달했다. 태양까지의 거리는 30천문단위, 즉 지구와 태양 사이 거리보다 30배나 멀다. 빛의 속도로 약 4시간, 고속 열차로 1700년 걸리는 거리다. 해왕성에서 보이는 태양의 밝기는 지구에서 봤을 때에 비교해 900분의 1밖에 되지 않는다.

해왕성은 푸른빛이었다. 고독하고 신비한 느낌이 나는 푸른빛. 푸른 캔버스 위에 수채화처럼 부드러운 검은 얼룩무늬와 유화처럼 경계가 선명한 흰 구름이 뒤섞여 있었다. 때로는 비밀이 사람을 더욱 매력적으로 만들듯이, 아름다운 해왕성에는 수수께끼가 가득했다. 내부에 정체불명의 열원이 있어서 태양에서 받는 열보다 세 배나 많은 열을 방출하고 있으며, 이 때문에 풍속이 초당 600미터나 되는 폭풍이 불어닥치고 있었다. 아름다운 얼룩무늬의 정체는 태양계에서 가장 격렬한 폭풍이었던 것이다.

해왕성의 위성 트리톤도 수수께끼로 가득한 세계였다. 운석구덩이가 적고, 서반구에는 얼음으로 이루어진 멜론 껍질 같은 무늬의 지형[10]이 펼쳐져 있었으며, 불그스름한 질소 눈이 군데군데 쌓여 있었다. 옅은 대기가 있어서 바람이 대지를 깎고 있었다. 그리고 놀랍게도 여기저기서 간헐천이 질소와 메테인을 내뿜고 있었다! 영하 235도인 이 추운 세계도 '살아 있었던' 것이다.

10 캔털루프Cantaloupe 멜론에서 이름을 따와서 캔털루프 지형이라고 불린다.

이 세계에는 슬픈 운명이 기다리고 있다. 트리톤은 조금씩 해왕성을 향해 떨어지다가, 약 36억 년 후에는 해왕성의 중력 때문에 산산조각이 날 것이다. 트리톤 파편은 해왕성 대기에 돌입하여 불타 버리거나, 토성과 같은 아름다운 고리가 될 것이다.

보이저 2호가 찍은 해왕성과 트리톤 사진은 전파를 타고 칠흑 같은 우주를 날아 4시간 만에 지구의 안테나에 도달했다. 이 사진은 신문과 잡지에 실리고 TV에 방영되어 아시아 동쪽 끝에 있는 작은 섬나라에도 전해졌다. 일곱 살이 되기 직전이었던 나는 이를 뚫어져라 바라봤다. 푸른 해왕성, 트리톤의 간헐천, 그리고 트리톤이 언젠가 아름다운 고리가 될 것이라는 사실……. 이 상상은 내 마음속 가장 깊은 곳에 문신처럼 새겨졌다.

이로부터 24년이 지났다. 보이저 1호는 태양계 밖에 도달했다. 그리고 나는 보이저가 태어난 JPL에 들어갔다.[11] 나사의 태양계 탐사는 이제 오아시스를 찾는 단계에서 벗어나, 오아시스로 가는 단계로 나아가 있었다. 외계 생명체 탐사 황금기의 막이 오르고 있었던 것이다.

11 이 24년간의 이야기는 다른 저서인 『우주로 향하기 위해 바다를 건너다宇宙を目指して海を渡る』에서 다루었으므로, 여기서는 생략하겠다.

생명의 찬가

생명. 생명이란 무엇일까?

생명은 느낀다. 생명은 꿈틀거린다. 생명은 성장한다. 생명은 꽃피운다. 생명은 노래한다. 생명은 춤춘다. 생명은 생명을 그리워한다. 생명은 생명을 낳는다. 생명은 생명을 사랑한다.

신을 믿는 사람에게 생명이란 신성한 창조물이다. 과학을 탐구하는 사람에게 생명이란 자연의 정교하고 위대한 걸작이다. 생명을 낳는 어머니에게 생명이란 별보다도 무거운 둘도 없는 보석이다. 생명을 죽이는 이도 자신이 죽인 생명의 허무함에 신비를 느낄 것이다.

만약 우주에 생명이 없다면 어땠을까? 설사 생명이 없다 해도 별은 묵묵히 수소를 핵융합시켜 불탈 것이고, 별 주위를 행성이 중력 법칙에 따라 돌 것이며, 행성의 하늘에는 광학 법칙에 따라 아름다운 무지개가 걸릴 것이다. 누구를 위해서일까?

설레는 마음이 없어도 밤하늘에는 은하수가 흐른다. 떨리는 영혼이 없어도 석양은 붉게 물든다. 무엇을 위해서일까?

왜 관객이 없는데도 발레리나는 춤출까?

왜 사람이 없는 무도회에 음악이 흐를까?

가끔 나는 이런 상상을 한다. 생명이란 우주에 뚫린 구멍이 아닐까? 크고 검은 상자 속에 엄청 아름다운 것이 들어 있다. 그 상자에는 작은 구멍이 몇 개 나 있어서, 사람들이 번갈아 가며 상자 안을 들여다보고 있다. 너무나 아름답다고 소문이나 있어서, 상자 구멍을 들여다보기 위해 긴 줄이 늘어서 있다.
138억 년이나 기다리니 겨우 내 차례가 와서, 구멍을 들여다본다.
아름다움에 영혼이 떨리고, 즐거움에 마음이 들뜬다. 계속
들여다보고 싶지만, 다음 사람이 기다리기에 자리를 떠난다.
이것이 내 생명이다.
그럼 이 크고 검은 상자는 왜 있는 것일까? 안에 있는 아름다운
것은 왜 존재할까? 만약 만든 사람이 있다면, 왜 만들었을까?
누군가가 들여다봐 줬으면 했기 때문이 아닐까? 누군가가
알아줬으면 했기 때문이 아닐까?
생명은 우주의 결과이자 이유가 아닐까? 우주와 자연은 생명이
'인식해 줘야만 하는 것'이 아닐까?
들에 핀 꽃이여, 땅을 기는 벌레여, 아이여, 어머니여, 아버지여,
사랑을 맹세한 연인들이여, 야심에 불타는 청년이여, 무엇인가를
후회하는 노인이여, 물속에 있는 자여, 바람에 흔들리는 자여.
먼 '세계'에서 태어나, 먼 '세계'를 꿈꾸는 우리와 다른 자들이여.
붉은 모래 아래에 들어가고, 얼음 아래에 숨으며, 뜨거운 바람을
견디고, 얼어붙은 강에서 잠자며 생명의 불꽃을 꿋꿋이 지키는
자들이여. 138억 광년 우주 속에서 살아가는 모든 생명이여.
우주는 그대를 위해 존재한다. 우주는 그대 안에 있다.

4 우리는 고독한가?

Les étoiles sont belles, à cause d'une fleur que

l'on ne voit pas……

별들이 아름다운 건 보이지 않는 한 송이 꽃 때문이지……

- 생텍쥐페리 Antoine Marie-Roger de Saint-Exupéry, 『어린 왕자』

당신의 소중한 기억을 한번 떠올려 보기 바란다. 어머니와 손을 잡고 걷던 어린 시절, 아버지의 목말을 탄 채 봤던 퍼레이드, 자상하신 할아버지와 할머니, 가족 여행, 부모님께서 얘기해 주신 당신이 태어났을 때의 기억. 만약 부모님이 생각나지 않는다면, 소중한 사람과의 기억을 떠올려 보기 바란다. 친구와 즐겁게 뛰놀던 나날, 사춘기의 갈등, 첫사랑, 허물없는 친구와 술을 마시며 밤을 지새운 추억, 만남과 헤어짐, 결혼, 그리고 작고 사랑스러운 생명이 태어난 날.

다시 상상해 보기 바란다. 만약 이 기억이 전부 사라져 버린다면 어떻게 될까? 당신이 기억하는 사람이 모두 사라져 버리면 어떻게 될까? 당신은 부모를 모른다. 가족도 친척도 모른다. 어디서 태어났는지, 어떻게 자랐는지도 모른다. 친구도 아는 사람도 없다. 지평선 끝까지 살펴보지만, 아무도 보이지 않는다.

나는 누군가?

나는 어디서 왔는가?

나는 고독한가?

당신은 이렇게 자문할 것이다. 그리고 찾을 것이다. 이 질문에 답할 수 있는 누군가를 말이다. 당신의 앨범을 소중히 보관하고 있는 누군가를 말이다.

지구의 생명도 이와 비슷한 상황이다. 지구에 생명이 태어난 시기는 대략 40억 년 전이다. 하지만 어떻게 태어났는지는 아직 모른다. 그리고 우리는 아직 지구 밖에서 생명을 발견한 적이 없다. 우리는 40억 년 동안 고독했다.

우리는 누구인가?

우리는 어디서 왔는가?

우리는 고독한가?

모른다. 그래서 우리는 우주 어딘가에 있는 생명을 찾는다.

생명이란 무엇인가?

이 질문에 답하려면 먼저 해결해야 할 문제가 있다. 애초에 인류는 '생명'이 무엇인지 아직 모른다는 점이다. 예를 들어 바이러스가 생명인지 아닌지 오랫동안 논쟁이 벌어지고 있으며, 아직 결론이 나지 않았다. 지구에서도 이런데 우주에서 발견한 미지의 현상이 생명인지 아닌지 판단할 수 있을까? 이는 마치 새가 뭔지도 모르는 사람이 파랑새를 찾아 헤매는 것과 같다.

물론 인류가 '생명의 정의'를 전혀 모르는 것은 아니다. 그 증거로 일상 속에서 우리는 직감적으로 생물과 무생물을 구분할 수 있다. 이를테면 지금 내가 원고를 작성하는 데 쓰는 컴퓨터는 무생물이다. 탁자 위에 있는 찻잔도 무생물이다. 난간에 깔린 타일도, 길에서 달리는 자동차도, 그 너머에 있는 캘리포니아의 푸른 하늘과 바다도 무생물이다. 반면에 화단에 심은 나무는 생물이다. 나무 위에서 쉬고 있는 벌레도 생물이다. 하늘을 나는 갈매기도 생물이다. 바다에서 때때로 물을 내뿜는 고래도, 고래 사진을 찍으려 하는 젊은이도, 그 옆에서 지루하다는 표정으로 서 있는 애인도 생물이다.

생명의 정의도 모르는 우리가 어떻게 생물과 무생물을 구분할 수 있을까? 어째서 근대 이후의 생물학을 모르는 옛날 사람도 생명이라는 개념을 문제없이 쓸 수 있었을까?

생명이란 귀납적인 개념이기 때문이다. '귀납적'이라는 말은 개념 정의보다 구체적인 사례가 먼저 있었다는 뜻이다. 생물과 무생물 사이에 물리학적인 경계선은 없다. 둘 다 물리법칙을 따르는 '현상'이다. 컴퓨터, 찻잔, 자동차, 타일, 하늘, 바다, 꽃, 새, 바람, 달, 젊은이, 애인, 그리고 이를 관찰하는 나도 모두 현상이다. 이러한 현상을 관찰하다 보면 자주 보이는 특징 몇 가지를 찾을 수 있다. 예를 들어 호흡, 대사, 번식 등이다. 바이러스처럼 생물과 무생물 사이에 걸쳐 있는 현상도 있기에 명확한 경계선을 긋기는 어렵다. 하지만 하늘에 떠 있는 수많은 물방울을 뭉뚱그려 '구름 한 조각'이라고 부를 수 있듯이, 일부 현상들의 집합이 흐릿하게나마 보일 것이다.[1] 이 집합에 붙어 있는 꼬리표가 바로 '생명'이다.[2]

1 기계 학습Machine Learning으로 치면 비지도, 즉 교사 없는 학습unsupervised learning과 같다.

2 물론 집단 안팎을 구분하는 경계선을 나중에 정할 수도 있으며, 이는 무의미한 일이 아니다. 경계선을 긋는 방법은 매우 다양하며, 이에 관해서는 여기서 논하지 않겠다. 관심이 있는 사람은 후쿠오카 신이치의 저서 『생물과 무생물 사이』 등을 참고하길 바란다.

그럼 우주에서 발견한 어떤 현상을 생물인지 무생물인지 판별하려면 어떻게 해야 할까?

가장 본질적인 해결책은 우주에 관한 모든 것을 알아내는 일이다. 우주 곳곳에 탐사선을 보내서 온갖 현상을 관찰하면 된다. 그러면 지구에서 일어나는 현상을 생물과 무생물로 구분하듯이, 우주의 수많은 현상도 구분할 수 있을 것이다. 우주적인 관점에서 '생물'과 '무생물'을 정의할 수 있을지도 모르고, 혹은 세 번째나 네 번째 집합을 정의할 수 있을지도 모른다.

그러려면 엄청난 시간이 필요하다. 앞 장에서도 설명했듯이, 인류는 아직 우주에 관해서 아주 조금밖에 모른다. 우주의 모든 현상을 알아내다니, 수억 년을 들여도 불가능한 일이다.

그럼 나사는 고작 수십 년이라는 짧은 기간에 대체 어떤 방법으로 '생명'을 찾아내겠다는 것일까? 여전히 생명을 정의하지도 못하고 있는데 말이다. 대체 어떻게 '우리가 누구인가', '우리는 어디서 왔는가', 그리고 '우리는 고독한가'라는 의문에 대한 답을 찾으려는 것일까?

과학은 단순한 설명을 선호한다

이 어려운 문제에 관하여 칼 세이건은 이렇게 말했다.

"생명은 마지막 가설이다."

조금 어렵게 느껴질 것이다. 다르게 말하자면 과학은 단순한 설명을 선호한다는 뜻이다.

어쩌면 더욱 혼란스럽게 느껴질 수도 있겠다. 예를 들며 설명하겠다. 어느 날 갑자기 목욕탕이 장사가 잘되기 시작했다. 이 신기한 현상을 설명할 수 있는 가설이 두 개 있다고 해 보자. 첫 번째 가설은 근처에 있던 다른 목욕탕이 문을 닫아서, 남은 목욕탕에 손님이 몰렸다는 가설이다. 두 번째 가설은 바람이 부니 모래가 날리고, 모래가 눈에 들어가는 바람에 시각장애인이 많아지고, 시각장애인이 지팡이를 사니 나무가 많이 베이고, 나무가 베이니 그늘이 적어지고, 그늘이 적어지니 햇살 때문에 땀을 많이 흘려서 사람들이 목욕탕에 많이 간다는 가설이다. 어느 쪽 가설이 옳을까? 아마도 첫 번째 가설일 것이다. 물론 두 번째 가설이 옳을 가능성도 완전히 부정할 수는 없지만, 이렇게 극도로 복잡한 가설이 사실일 확률은 매우 낮다.

과학도 마찬가지다. 만약 뭔가 신기한 현상이 발견되었고 이를 설명할 가설이 여러 개 있다면, 단순한 가설부터 선택한다. 단순한 가설일수록 개연성이 더 크기 때문이다. 이러한 원리를 '오컴의 면도날Ockham's Razor'이라고 부른다.

그럼 다시 생명에 관한 이야기를 해 보자. 생물은 무생물보다 훨씬 더 복잡하다. 우주에서 뭔가 새로운 현상을 발견했다. 이 현상을 생물이라고 설명할 수도 있고, 무생물이라고 설명할 수도 있다고 하자. 그럼 더 단순한 무생물 가설부터 선택될 것이다. 만약 온갖 무생물 가설이 전부 부정되면, 마지막으로 남아 있는 '생물이다'라는 가설이 선택될 것이다. 이것이 바로 "무언가가 생명이라는 가설은 가장 마지막에 세울 수 있다"라는 말의 의미다.

예를 들어 화성 탐사차인 큐리오시티Curiosity는 대기 중의 메테인 농도가 급격하게 상승하는 현상을 몇 번 관측했다. 예상하지 못한 현상이다. 왜냐면 메테인은 자외선에 분해되는 물질이기 때문이다. 즉, '무언가'가 메테인을 생성하고 있다는 뜻이다.

지구에서 메테인이 생성되는 이유는 화산활동이나 생명현상 때문이다. 소가 트림하면 메테인이 나온다. 메테인을 합성하는 세균도 있다. 따라서 화성의 국소적인 메테인 농도 증가를 설명

위_화성 탐사차인 큐리오시티의 '셀카' ©NASA/JPL-Caltech
아래_1976년 사상 최초로 화성 착륙에 성공한 탐사선 바이킹의 모형 ©NASA/JPL-Caltech

할 수 있는 가설 중 하나는 바로 생명이 존재한다는 것이다. 지하에 메테인을 합성하는 세균이 있을지도 모르고, 탐사차의 사각에 소가 숨어서 트림을 하고 있을지도 모른다. 하지만 이 현상을 무생물만 가지고 설명할 수 있는 다른 가설도 존재한다. 예를 들어 화성에도 존재하는 광물인 감람석이 물과 이산화탄소와 반응하면 메테인이 생성될 수 있다. 현재까지는 이 가설을 부정할 만한 근거가 없다. 따라서 화성의 메테인 농도 증가를 생명의 증거로 보지는 않는다.[3]

따라서 외계 생명체 탐사를 진행할 때에는 되도록 무생물 가설을 배제할 수 있는 형태로 관측과 실험을 설계해야 한다. 그런데 이는 상당히 어려운 작업이다. 사실 나사는 이미 과거에 한 번 쓰디쓴 경험을 했다.

1976년에 세계 최초로 화성 착륙에 성공한 나사의 탐사선 바이킹호는 생명체를 검출하기 위해 네 가지 실험을 수행했다. 그 중 하나가 바로 화성 생물에게 먹이를 주는 실험이었다. 우선 삽

3 2016년에 화성에 도착한 유럽우주국의 가스추적궤도선Trace Gas Orbiter, TGO가 2018년부터 본격적으로 관측을 시작하면, 메테인 생성 원인에 관한 새로운 정보를 얻을 수 있을지도 모른다.

으로 화성의 흙을 퍼서 밀폐 용기에 넣었다. 다음으로 일곱 가지 유기물이 녹아 있는 액체를 용기에 넣었다. 그리고 어떤 가스가 나오는지 관찰했다. 만약 화성에 생물이 있어서 액체 속 유기물을 먹고 대사가 일어나면 이산화탄소가 발생할 것이다.[4]

실험을 해 보니 무척 놀라운 결과가 나왔다. 액체를 넣자마자 이산화탄소가 발생한 것이다. 마치 잔뜩 굶주린 화성의 미생물이 지구 음식을 꿀꺽 삼킨 다음 트림이라도 하듯이 이산화탄소를 내뱉는 것 같았다.

하지만 그 외에 다른 세 가지 실험에서는 화성 생명체 존재에 부정적인 결과가 나왔다. 특히 흙에서 유기물이 거의 검출되지 않았다는 사실이 과학자들을 고민에 빠트렸다. 유기물을 먹는 미생물은 당연히 유기물로 이루어져 있을 것이기 때문이다.

물론 실험에서 액체를 먹고 이산화탄소를 방출한 것이 생명체라는 가설도 완전히 부정할 수는 없다. 하지만 대다수 과학자는 이 실험 결과를 화성에 생명이 존재한다는 증거로 보지 않는다. 이 실험 결과를 무생물의 작용으로 설명할 수 있는 가설이

4 이산화탄소가 유기물 때문에 발생했는지 검증할 수 있도록 미리 방사성동위원소로 유기물을 표시해 놓았다.

존재하기 때문이다.

그 가설을 설명하면 이렇다. 화성에는 오존층이 없기 때문에 지표에 항상 강한 자외선이 내리쬔다. 땅속에 있는 염소가 자외선을 쬐면 산화제가 된다. 산화제란 표백제와 비슷한 물질이라고 생각하면 된다(만약 화성에 갈 기회가 있다면, 맨손으로 흙을 만지면 안 된다). 유기물은 이 '표백제'에 닿으면 분해되어 이산화탄소가 된다. 그 후에 진행한 화성 탐사차 임무에서도 화성의 흙이 산화제라는 증거를 찾았다.

그럼 무생물 가설로는 설명할 수 없는 현상이란 대체 어떤 것일까? 그리고 이를 어떻게 검출하면 될까?

힌트는 바로 '레고'다. 맞다. 어릴 때 갖고 놀던 장난감 말이다.

레고 시스템을 닮은 생명

분자생물학이 발전하면서, 우리가 '생명'이라고 부르는 지구상의 모든 현상은 '레고 시스템'과 같다는 사실이 밝혀졌다.

선물로 받은 레고 상자를 열어 보면, 안에 수많은 블록이 들어 있다. 블록 종류는 그리 많지 않다. 기껏해야 수십 개 정도다. 하

지만 어린아이가 상상력을 발휘해서 블록을 조합하면 온갖 모양을 만들어 낼 수 있다. 또 정해진 모양을 만들기 위한 레고 상품도 있다. 예를 들어 〈스타워즈〉에 나오는 우주선 밀레니엄 팰컨 Millennium Falcon, 〈해리포터〉에 나오는 장면, 소행성 탐사선인 하야부사はやぶさ 등의 모형을 만들기 위한 상품이다. 그러한 레고 상품에는 설명서가 함께 들어 있어서, 지시 사항대로 블록을 조립하면 원하는 모양이 완성된다. 이처럼 특정 모형을 만들기 위한 레고 블록과 설명서를 한데 묶어서 레고 시스템이라고 한다.

생명도 레고 시스템과 아주 비슷하다. 우리 몸속에는 수많은 단백질이 존재한다. 인간뿐만 아니라 다른 생물도 마찬가지다. 그런데 모든 생물의 몸속에 있는 단백질을 구성하는 '블록'은 겨우 스무 종류[5]밖에 되지 않는다. 이 단백질을 이루는 블록의 정체는 바로 L형 아미노산이다. 인간의 피부와 망막과 근육, 세균의 세포막, 바이러스마저도 고작 스무 종류의 아미노산을 레고처럼 조합한 결과물이다.[6]

5 그 밖에도 아미노산 두 종류가 특수한 방법으로 유전자에 기록되어 있지만, 이를 사용하는 일은 아주 드물다.

6 다만 번역 후 변형Post-translational modification이라고 해서, 유전자에서 단백

레고 시스템의 '설명서'에 해당하는 것이 게놈Genom이다. 전 세계에서 판매되는 레고 설명서는 수십 가지 언어로 쓰여 있지만, 게놈은 단 한 가지 언어로만 쓰여 있다. 바로 디엔에이DNA다.[7]

스무 종류인 L형 아미노산과 DNA로 쓰인 설명서. 이 두 가지로 이루어진 레고 시스템이 바로 지구의 생명체다. 인간, 짐승, 꽃, 벌레, 대장균, 탄저균, 고세균 등 생물은 모두 다 레고 시스템인 것이다.

만약 외계인이 지구의 레고 시스템, 다시 말해 지구의 생명체를 발견하면 아주 신기하게 여길 것이다. 이런 상상을 한번 해보자.

M78성운Messier 78에서 온 외계인 과학자가 지구를 방문했다. 외계인 과학자는 우연히 태평양 한가운데에 떨어져서 주변에 사람은커녕 나무나 새, 물고기조차도 볼 수 없었다. 게다가 사정이 있어서 3분밖에 시간이 없었다. 그래서 외계인 과학자는 지구의 바닷물을 시험관에 담아 밀봉한 다음 지구를 떠났다.

질이 만들어진 후에 화학 변화를 통해 다른 아미노산이 만들어지기도 한다.

7 단, RNA 바이러스처럼 DNA가 아니라 RNA를 유전자로 사용하는 예외도 있다.

M78성운으로 돌아온 외계인은 지구에서 가져온 바닷물 표본을 분석해 봤다. 바닷물 속에는 수많은 아미노산이 녹아 있었다. 이 자체는 그다지 특별한 일이 아니다. 아미노산은 생명이 없어도 만들어질 수 있기 때문이다. 예를 들어 나사의 스타더스트Stardust 탐사선과 유럽우주국의 로제타Rosetta 탐사선은 혜성 주위 가스에서 글리신glycine이라는 아미노산을 검출했다.

그런데 뭔가 이상했다. 외계인은 고개를 갸우뚱거렸다. 자연계에는 수백 가지 아미노산이 존재하는데, 그중에서 스무 가지 아미노산만 농도가 비정상적으로 높았기 때문이다. 더욱 이상한 사실도 발견했다. 아미노산은 D형과 L형으로 나눌 수 있고, 자연히 만들어졌다면 반드시 이 두 가지가 섞여 있어야 한다. 그런데 지구의 바닷물 속에 있는 아미노산은 거의 다 L형이었다.

외계인은 온갖 무생물 가설을 검토해 봤지만, 이 불가사의한 현상을 설명할 방법이 없었다. 결국 '마지막 가설'을 꺼내 들 수밖에 없었다. 즉, '지구에는 생명이 존재한다'는 가설이다.

이것이 외계 생명체를 탐사하는 유력한 방법이다. 즉, 화성과 유로파에서 레고 시스템을 찾는 것이다. 전문용어로 말하자면 열역학적 평형 상태에서 벗어난 유기물의 분포를 찾는 것이다.

물론 외계의 레고 시스템은 지구와는 전혀 다를 것이다. 블록 수가 다를 수도 있고, 블록의 정체가 아미노산이 아닐지도 모른다. 설명서에 쓰인 언어도 DNA가 아닐지도 모른다. 솔직히 말해 우리는 외계 생명체가 어떤 존재인지 상상할 실마리조차 없다. 하지만 어떤 형태든 간에 레고 시스템 같은 것을 발견하고 과학자들이 온갖 무생물 가설을 검토해 봐도 이 현상을 설명할 수 없다면, 인류는 마침내 결론을 내릴 수 있을 것이다.

'외계 생명체를 발견했다'라는 결론 말이다.

그래야 40억 년의 고독이 마침내 끝난다. 우리는 그제야 고독하지 않을 것이다. 우리가 누구인지, 어디서 왔는지에 관한 실마리를 찾을 수 있을지도 모른다.

그러면 어떻게 해야 화성과 유로파의 레고 시스템을 검출할 수 있을까? 우선 흙, 얼음, 물 속에 어떤 물질(특히 유기물)이 어떤 농도로 포함되어 있는지 알아야 한다. 그런데 절대 쉽지 않다. 레고 블록과 달리 분자는 눈에 보일 만큼 크지 않다. 그래서 과학자는 다양한 분석 장치를 사용한다. 대학 화학과나 생물학과 실험실에 가 보면 기계 소리를 내면서 진동하고 있는 커다란 장치를 볼 수 있다. 이런 분석 장치가 필요하다는 뜻이다.

여기서 또 다른 문제가 생긴다. 너무 큰 장치는 탐사선에 실을 수 없다. 예를 들어 중량이 대략 900킬로그램인 화성 탐사차 큐리오시티에 탑재된 과학 기기의 무게는 겨우 80킬로그램 정도다. 우리가 여행을 갈 때 짐을 꾸리는 것처럼 가져갈 기기를 엄선하고 되도록 작게 만들어야 한다. 사정이 이렇다 보니 관측과 실험을 할 때 제약이 많을 수밖에 없다.

차라리 화성의 흙을 지구로 가지고 돌아오자는 아이디어도 있다. 소량이라도 좋으니 지구에 표본을 가지고 돌아오면, 연구실에 있는 대형 기기를 총동원해서 분석할 수 있기 때문이다.

화성의 흙을 지구로 가지고 돌아오는 계획을 '화성 표본 회수Mars sample return' 계획이라고 한다.

화성의 흙을 지구로 가져오려면

그동안 화성 표본 회수 계획은 몇 번이나 기획되었다가 결국 예산 부족 때문에 실현되지 못했는데, 마침내 나사가 이 계획에 착수했다. 이 계획의 가장 중요한 목표는 아직 화성에 강이 흐르고 호수가 있었던 약 40억 년 전 존재했을지도 모르는 생명의 흔적을 찾는 일이다.

표본 회수라는 말을 들으면 일본의 소행성 탐사선 하야부사를 떠올리는 사람도 많을 것이다. 하야부사가 가져온 소행성의 모래는 달 이외의 세계에서 인류가 가지고 돌아온 첫 번째 표본이었다. 하야부사의 업적은 아무리 강조해도 지나치지 않다. 나사에서도 하야부사는 대단히 유명하다.

하야부사는 탐사선 한 대만으로 소행성까지 다녀올 수 있었다. 하지만 화성은 중력이 크다 보니, 한 번의 임무로 모든 일을 다 하려면 아주 커다란 탐사선을 만들어야 한다. 그래서 임무를 3회로 나눠서 진행하기로 했다.

첫 번째 임무는 2020년에 발사 예정인 마스 2020Mars 2020 몫이다. 이 탐사차로 생명의 흔적이 남아 있을 것으로 추측되는 장소까지 달려간 다음, 드릴로 바위를 깎는 등의 방법으로 표본을 채취해서 시험관 같은 튜브에 밀봉한다. 표본 30개에서 40개 정도를 채취한 다음, 탐사차는 튜브를 화성에 두고 간다. 소중한 표본을 그냥 내버려 둬도 괜찮을까 하는 생각이 들겠지만, 딱히 훔쳐 갈 사람이 있는 것도 아니다(있으면 재미있겠지만 말이다). 비도 내리지 않고, 대기가 옅으므로 바람에 날아갈 걱정도 없다.

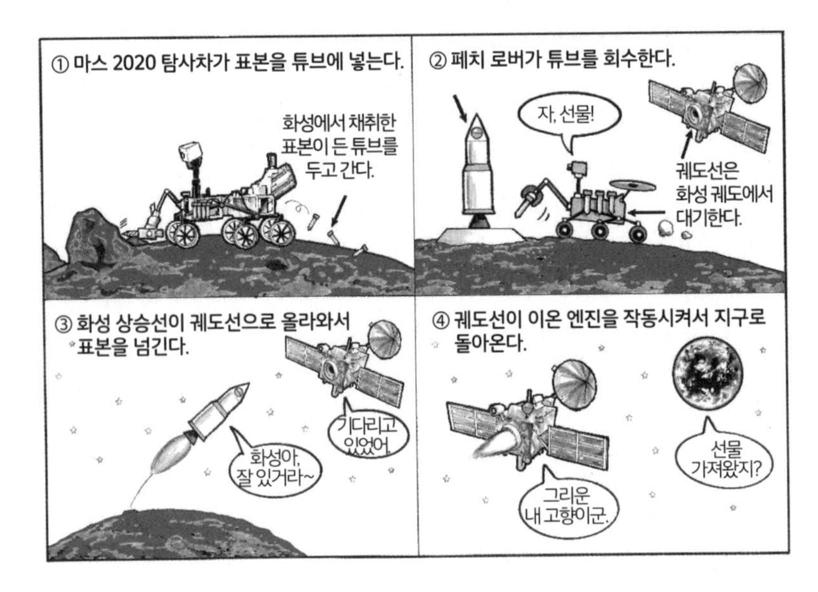

〈그림 8〉 화성 표본 회수 계획

다음 임무는 궤도선 투입이다. 하야부사처럼 이온 엔진을 탑재한 궤도선이 화성 주회 궤도에 들어가면 된다.

마지막 임무는 화성 상승선Mars Ascent Vehicle, MAV이라고 불리는 하이브리드 로켓hybrid rocket[8]과 페치 로버Fetch Rover라는 소형 탐사차를 화성에 보내는 일이다. 착륙 후에 페치 로버는 표본이 든

8 상이 다른 연료 두 종류를 사용하는 로켓.(역자 주)

튜브를 회수하여 화성 상승선으로 돌아온다. 그리고 화성 상승선은 표본을 실은 다음 화성 궤도로 올라온다.

화성 궤도에는 궤도선이 기다리고 있다. 궤도선은 표본을 받은 다음, 이온 엔진을 작동시켜서 지구로 돌아온다.

현재 나사는 이 세 가지 임무 중 첫 번째인 마스 2020 계획만을 승인했다. 만약 이 임무가 성공하면 남은 두 임무도 진행될 것이다.

화성을 달릴 자동운전 탐사차

나 역시 마스 2020 계획에 참여하고 있다. 이 계획에서 내가 담당하는 업무는 두 가지다.

하나는 착륙 후보 지점을 선정하는 일이다. 오래전에 존재했을지도 모를 생물의 흔적이 남아 있을 가능성이 높은 장소를 찾는 일인데, 주로 과학자가 담당한다. 기술자인 나는 과학자들이 선정한 각 후보 지점에서 탐사차가 안전하게 달릴 수 있을지 해석한다.

현재 착륙 후보 지점은 세 군데다. 첫 번째 후보지는 '컬럼비아 힐스Columbia Hills'다. 2004년에 화성 탐사차인 스피릿이 탐사한 장소로, 과거에 물 때문에 만들어진 다양한 변성암이 있다. 두 번째 후보지는 '예제로 크레이터Jezero Crater'다(책 첫머리에 실린 사진 참조). 예제로란 슬라브어로 '호수'를 뜻하는데, 이 운석구덩이는 옛날에 호수였다. 한때 이 호수로 강 두 개가 흘러들었는데, 이로 인해 생긴 삼각주에 생명의 흔적이 있을 것으로 추정된다. 그리고 세 번째 후보지는 '시르티스 북동부'다. 이곳에는 화성 표면에 액체 상태 물이 존재했던 시절의 지층이 그대로 보존되어 있는 타임캡슐과도 같은 곳이다. 최종 선정은 2018년에 이루어질 예정이다.[9]

나의 또 다른 일은 탐사차의 자동운전 소프트웨어 개발이다. 현재는 지구에서도 자동차 회사와 IT기업이 앞다퉈 자율주행차를 개발하고 있는데, 화성에서는 2004년에 착륙한 탐사차인 스피릿과 오퍼튜니티가 이미 자동운전으로 달리고 있었다.

화성 탐사차는 속도가 아주 느리다. 현재 화성을 달리고 있는 큐리오시티의 주행거리는 길어도 1솔(화성의 하루로, 24시간 40분이다)

9 2018년 11월 19일 예제로 크레이터가 최종 착륙지로 발표되었다.(역자 주)

에 약 100미터 정도이고, 평균적으로는 50미터 정도밖에 되지 않는다. 육상 선수가 10초 만에 달릴 거리를 온종일 달린다는 뜻이다. 마스 2020 탐사차는 1솔에 평균 200미터 정도를 달릴 수 있어야 한다. 게다가 착륙 후보 지점에는 바위와 모래가 많다. 그래서 나는 탐사차가 안전하게 먼 거리를 달릴 수 있도록 자동운전 기능을 개량하는 업무를 맡고 있다.

하지만 몇 가지 기술적인 문제 때문에 자동운전 기능을 개선하는 일이 쉽지 않다. 우선 탑재된 컴퓨터의 성능이 별로 좋지 않다. 우주에서는 강한 방사선이 내리쬐므로 특별한 CPU를 써야 하는데, 이는 지구에서 사용하는 CPU보다 몇 세대 이전에나 쓰이던 성능이다. 큐리오시티와 마스 2020 탐사차에 쓰이는 CPU인 RAD750은 애플이 1997년에 출시한 아이맥 컴퓨터에 쓰인 CPU[10]와 성능이 같다. 이 CPU는 오늘날 우리가 사용하는 스마트폰보다 훨씬 속도가 느리다. 그런 컴퓨터로 자동운전을 실현하려면 소프트웨어를 무척 고심해서 만들어야 한다.

10 PowerPC 750을 뜻한다. 큐리오시티에서는 클럭 속도가 겨우 133메가헤르츠, 메모리는 고작 64메가바이트다. 오늘날 쓰이는 PC와 비교하면 계산 속도가 100분의 1에서 1000분의 1밖에 되지 않는다.

또 화성 탐사차가 착륙하면 그 이후에는 수리할 수 없다는 점도 문제다. 그렇기 때문에 화성 탐사차는 정비 작업 없이 몇 년이든 달릴 수 있어야 한다. 만약 바위에 부딪혀서 망가지더라도 카센터에 연락해서 고쳐 달라고 할 수 없으니 아주 높은 신뢰성이 필요하다.

화성 탐사차 개발이라고 하면 아주 근사한 일 같지만, 내가 평소에 하는 일은 그리 즐겁지만은 않다. 매일 수만 줄이나 되는 복잡한 컴퓨터 프로그램을 쳐다보고 있어야 한다. 설계한 대로 움직이지 않으면 프로그램을 한 줄 한 줄 확인하며 버그를 찾는다. 검토할 때마다 고쳐야 할 내용이 끝없이 생긴다. 상사가 닦달할 때도 있다.

일하다 지쳐 피곤할 때면 나는 의자 등받이에 기대어 눈을 감고 상상에 빠진다. 몇 년 후에 이 탐사차가 화성에 도착해서, 내가 만들고 있는 소프트웨어에 따라 붉은 땅 위를 달릴 것이다. 그리고 탐사차가 채집한 화성 암석이, 수십 년 후에는 지구로 돌아올 것이다. 이 탐사차를 통해 사상 최초로 외계 생명체가 발견될지도 모른다. 즉, 인류사에 영원히 남을 대발견에 조금이나마 공헌할 수 있다는 뜻이다. 그런 상상이 항상 나를 북돋아 준다.

나는 눈을 뜨고 다시 컴퓨터 앞에 앉는다.

화성에 생명이 있을까?

마스 2020을 비롯한 화성 표본 회수 계획의 목적은 화성에 물이 풍부했던 과거에 존재했을지 모를 생명의 흔적을 찾아내는 일이다.

그럼 '현재' 화성에 생명은 존재할까?

대다수 과학자는 만약 화성에 생명이 존재한다면 지하에 있으리라고 추측한다. 지상은 생명이 살기에 적합한 환경이 아니다. 바로 방사선(우주방사선 및 자외선) 때문이다. 지구에서는 밴앨런대[11]와 오존층이 태양과 우주에서 날아오는 방사선을 막아 준다. 하지만 그런 방어막이 없는 화성의 대지에는 방사선이 무자비하게 내리쬐고 있다. 이는 생물의 몸과 DNA를 파괴할 뿐만 아니라, 앞에서도 설명했듯이 흙을 살균 작용을 하는 표백제로 만들

11 지구자기장에 포착된 고에너지 입자로 이루어진 2층 구조이다. 방사능대, 방사선대로도 불린다. 미국의 물리학자 밴앨런James Alfred Van Allen이 초기 인공위성 실험에서 발견했다.(역자 주)

어 버린다.

참고로 우주방사선은 유인 화성 탐사를 가로막는 가장 큰 장벽이기도 하다. 화성 표면에서는 우주방사선에 의한 피폭량이 1년에 대략 0.1시버트에서 0.3시버트 사이라고 한다. 이는 지구 표면에서의 피폭량보다 대략 100배나 많은 양이다. 현재 나사 우주 비행사의 생애 피폭량 상한은 성별, 연령, 흡연 여부에 따라 다르지만, 0.44시버트에서 1.17시버트 사이이다. 그렇기 때문에 우주 비행사가 몇 년 정도 화성에 머무를 수는 있겠지만, 정착해서 살기는 어려울 것이다.

미래에 생길 화성 도시는 지하에 만들어질 수도 있다. 강한 방사선이 태아와 유아의 발달에 어떤 영향을 미치는지도 알 수 없는 상황에서, 번식할 수 없는 환경에 인류가 정착할 수는 없다. 그런데 지하는 방사선이 차단되는 데다, 앞에서도 언급했듯이 비록 얼음 상태이기는 하지만 물이 존재한다. 온도 변화도 지상보다는 덜하다. 어쩌면 지하 동굴이 화성 생명체의 피난처일지도 모른다. 암석과 얼음 속에 생명체가 숨어 있을지도 모른다.

현재로서는 화성의 현생 생물 탐사에 관한 구체적인 계획은 없다. 자동차로 동굴 속을 돌아다니기는 어려울 테니, 걸어 다니는 로봇을 이용한다면 탐사할 수 있을지도 모른다. 아니면 두더지처럼 흙과 얼음을 파면서 나아가는 로봇이 될지도 모른다.

어쩌면 꼭 지하로 들어가지 않아도, 현생 생물과 만날 수도 있다. 최근에 화성 저위도 지방의 운석구덩이 안에서 뭔가가 흘러내린 것 같은 흔적이 여러 개 발견되었다. 반복 경사선Recurring Slope Lineae, RSL이라고 불리는 이 현상은 매년 여름 양지바른 경사면에서 관측되었다가 겨울에는 사라진다. 이곳에서 대체 무엇이 흐르는지는 아직 수수께끼다. 물이 흐른다고 주장하는 사람도 있고, 모래가 흐른다고 생각하는 사람도 있다. 하지만 어찌 되었든 이 현상에 액체 상태의 물이 연관되어 있을 가능성이 크다. 그 물속에 생명이 있을지도 모른다.

급격한 사면에서 생기는 반복 경사선을 조사하는 일도 쉽지 않다. 하지만 밧줄에 매달려 내려가 본다는 아이디어, 드론을 이용해서 관측한다는 아이디어, 다리가 달린 로봇을 이용해 아래에서 위로 올라간다는 아이디어 등 다양한 의견이 제시되고 있다.

만약 지금 화성에 생명이 있다면, 정말로 강인하고 끈기 있는 생물일 것이다. 화성에 존재했던 마지막 호수가 말라 버린 뒤 수십억 년이 지났는데도, 끝나지 않는 겨울을 견디면서 생명의 불

꽃을 계속 유지해 왔을 테니까. 문득 엔도 슈사쿠遠藤周作의 소설 『여자의 일생』에 나온, 일본 에도시대에 200년 동안 신앙을 지켜온 가쿠레키리시탄隠れキリシタン[12]이 생각난다. 인류의 도래는 화성의 생명체에게 복음이라고 할 수 있을까? 아니면…….

가장 비싼 '삽질', 유로파 생명 탐사

화성 다음으로 나사가 눈여겨보고 있는 곳은 두꺼운 얼음층 아래에 바다가 존재하는 세계, 유로파다. 현재 나사는 2022년에 발사 예정인 '유로파 클리퍼Europa Clipper'라는 탐사선을 준비하고 있다. 클리퍼란 19세기의 쾌속 범선을 이르는 말로, 한때 전 세계를 항해했던 배다. 유로파 클리퍼는 목성 주위를 도는 궤도에 들어가서 유로파를 45번 접근통과하며 관측할 계획이다.

유로파 클리퍼에는 얼음 투과 레이더가 탑재될 예정이다. 이를 통해 유로파의 바다를 감싼 얼음 껍질의 구조를 파악할 수 있고, 얼음 속에 숨어 있는 액체로 이루어진 물 주머니를 찾을 수

12 일본 에도시대에 기독교가 탄압받던 중에도 몰래 신앙을 지켰던 로마 가톨릭 신자.(역자 주)

있을 것이다. 만약 엔켈라두스처럼 얼음 사이에서 수증기가 뿜어져 나온다면, 그 안에서 질량분석기를 사용하여 바닷물의 성분을 분석할 수도 있다.

유로파 클리퍼 다음에는 유로파 착륙선 계획이 진행될 예정이다. 아직 구상 단계지만, 이 계획이 승인되면 2024년쯤에는 착륙선이 발사된다. 유로파에서 생명체를 발견하는 것이 목적이다.

이 임무의 가장 큰 장벽은 엄청난 양의 방사선이다. 지구에는 밴앨런대라는 방사선대가 지구를 감싸고 있다.[13] 이 방사선대는 지구의 자기장이 태양과 우주에서 날아오는 고에너지 입자를 포착해서 만들어진 것으로 대 내부의 방사선 수치가 매우 높다. 하지만 이 덕분에 지구가 우주방사선으로부터 안전하다. 화성 표면에 강한 방사선이 내리쬐는 이유는 방패가 될 만한 방사선대가 없기 때문이다. 한편 목성의 방사선대는 지구의 밴앨런대보다 훨씬 강력하다. 그리고 유로파의 궤도는 이 무자비한 방사선대 한가운데에 있다. 인간은 유로파 표면에서 아마 며칠도 버티지 못할 것이다.

13 참고로 밴앨런대는 제1장에서 폰 브라운이 쏘아 올린 미국의 인공위성 익스플로러 1호 덕분에 발견되었다.

1_유로파 클리퍼의 상상도 ©NASA/JPL-Caltech
2_엔켈라두스의 증기 분출구를 내려가는 이브의 상상도 ©NASA/JPL-Caltech/Jessie Kawata
3_유로파에 착륙한 유로파 착륙선의 상상도 ©NASA/JPL-Caltech

같은 이유로 유로파 착륙선에 긴 수명을 기대하기 어렵다. 어차피 금방 망가질 운명이니 태양전지도 방사성동위원소 열전기 발전기radioisotope thermoelectric generator, RTG도 달지 않고 그냥 축전지의 전력만으로 움직인다. 전지용량과 방사선 때문에 착륙선은 유로파에 착륙한 뒤, 약 20일밖에 작동하지 못할 것이다. 5년이나 걸려 유로파까지 간 다음 20일밖에 살지 못하다니, 매미의 삶이 떠오른다.

유로파 착륙선은 삽으로 얼음을 몇 센티미터 정도 파내는 일을 한다. 물과 얼음은 우주방사선을 효과적으로 차단한다.[14] 방사선을 막아 주던 얼음을 파내면 그 아래에는 생명을 이루는 '레고 블록'이 파괴되지 않고 남아 있을 가능성이 있다. 얼음은 대류를 하므로 만약 유로파의 바다에 생명이 있다면, 얼음 속에도 생명의 레고 블록이 녹아 있을 것이다. 분석기를 이용해 채취한 얼음의 질량 분포를 확인하여 레고 블록을 찾는 한편, 현미경으로 직접 얼음을 관찰하여 생명의 증거를 찾아볼 수도 있다. 유로파 착륙선은 수명이 무척 짧기에 채취할 수 있는 표본은 몇 개 되

14 그래서 미래의 행성 간 유인우주선 벽에는 물탱크를 설치하자는 아이디어가 있다.

지 않을 것이다. 임무에 드는 비용을 고려하면, 대단히 비싼 삽질이라고 할 수 있다. 그러나 과학사상 최대의 발견을 할 가능성이 있는 '삽질'이다.

빛도 하늘도 없는 세계

유로파 착륙선 계획 다음은 무엇일까? 사실 아직 구체적인 계획이 없다. 하지만 아마도 어린 쥘 베른과 같은 동경을 품고 있는 사람이 많지 않을까?

"바다를 보고 싶어."

지구의 바다가 아니라 유로파와 엔켈라두스의 바다 말이다.

수십 킬로미터나 되는 두꺼운 얼음층을 어떻게든 통과해서 그 아래에 있는 드넓은 바다로 가 보고 싶다. 그곳에는 어떤 세계가 펼쳐져 있고, 어떤 생태계가 있을까?

이 탐험에서 기술적으로 가장 어려운 문제는 얼음층을 통과해야만 바다로 갈 수 있다는 점이다. 이 문제를 해결하기 위한 세 가지 아이디어가 있다.

첫 번째 아이디어는 얼음을 녹여서 구멍을 내는 방법이다. 이

때 크리오봇Cryobot이라는 탐사 기구를 사용한다. 가장 단순한 방법이지만 엄청난 열에너지가 필요하다는 문제가 있다. 또한 수십 킬로미터나 되는 얼음을 관통하려면 몇 년이나 걸린다.

두 번째 아이디어는 회전식 톱으로 얼음을 깎는 방법이다. 이 또한 엄청난 에너지가 든다는 점이 문제다. 물론 열로 녹이는 것보다는 에너지가 덜 들지만 말이다.

세 번째 아이디어는 이미 존재하는 구멍을 통해 들어가는 방법이다. 지난 장에서도 언급했듯이, 엔켈라두스에는 증기 분출구가 있다. 따라서 유로파에도 비슷한 분출구가 있을지 모른다. 이 분출구를 이용하면 되지 않을까 하는 단순한 아이디어를 바탕으로 나는 2016년에 이브Enceladus Vent Explorer, EVE라는 계획을 연구했다. 원숭이처럼 생긴 작은 로봇을 이용하는데 로봇 손과 발끝에는 등산가가 빙벽을 오를 때 사용하는 '아이스 스크류'라는 나사 모양의 기구가 달려 있다. 이를 이용해서 벽을 따라 분출구 아래로 내려간다는 계획이다.

만약 유로파와 엔켈라두스에 생명이 존재한다면 대체 어떻게 생겼을까? 아마도 세균이나 단세포생물 같은 단순한 생명체일 가능성이 크다. 하지만 만약 고등 생물이라면? 다시 말해 문어나고래 같은 복잡한 생명체가 존재한다면 대체 어떤 모습일까?

분명 눈은 없을 것이다. 빛이 전혀 없기 때문이다. 돌고래와 잠수함처럼 음파를 탐지해서 사물을 관찰할지도 모른다. 먹이사슬의 가장 아래에 있는 생물은 태양에너지를 이용하는 식물이 아니라, 화학에너지를 찾아 분출구 주변에 모이는 미생물일 것이다. 이 미생물은 산소가 아니라 황화수소 등을 이용해서 에너지를 얻고 있을 것이다.

무척 가능성이 낮지만, 만약 바다 아래에 지적 생명체가 문명을 이루고 있다면 어떨까? 이들은 빛을 모를 것이다.[15] 인류가 과학을 발전시킨 끝에 전파를 '발견'한 것처럼, 이들은 과학을 통해 빛을 '발견'할 것이다. 이들은 태양, 목성, 토성, 그리고 지구를 모를 것이다. 하늘에 빛나는 수많은 별도 모를 것이다. 애초에 '하늘'이라는 개념조차 없을 것이다. 처음으로 두꺼운 얼음 밖으로 나온 모험가가 '빛 검출기'를 작동시키면, 그곳에 펼쳐진 세계를 보고 깜짝 놀랄 것이다. 이윽고 천문학이 생겨날 것이다. 천문학자는 태양계 안쪽부터 세 번째 행성이 상당히 특이하다는 사실

15 안다고 해 봤자 분출구 바닥에서 방출되는 적외선 정도일 것이다.

을 눈치챌까? 얼음으로 뒤덮이지 않은 바다가 있다는 사실을 알면 깜짝 놀랄까? 이들은 지구에서 찾아온 이방인을 흔쾌히 맞아줄까? 아니면 먼 미래에 지구를 방문할까? 혹은 아주 오래전에 지구를 방문했을까?

우리는 어디서 왔는가?

만약 인류가 외계 생명체와 만나면 어떻게 될까? 이는 역사상 최고의 발견이 될 것이며, 문명이 존재하는 한 영원히 기억될 것이다. 뉴턴의 만유인력, 다윈Charles Robert Darwin의 진화론, 왓슨James Dewey Watson과 크릭Francis Harry Compton Crick의 DNA 이중나선 구조 등과 함께 세기의 대발견으로 여겨질 것이다. 향후 10년에서 20년 사이에 이런 엄청난 발견을 할 가능성이 있다는 이야기다. 우리는 정말 대단한 시대에 살고 있다.

만약 인류가 외계 생명체를 발견한다면, '우리는 고독한 존재인가?'라는 질문에 아니라고 답할 수 있을 것이다. 또한, 외계 생명체는 '우리는 누구인가?'와 '우리는 어디서 왔는가?'라는 수수께끼를 풀 실마리가 될 것이다. 왜 그럴까?

이는 생명의 기원에 관한 질문이기 때문이다. 약 40억 년 전에 지구에서는 어떻게 생명이 싹텄을까? 그 순간을 촬영한 영상이 있으면 좋겠지만, 아쉽게도 불가능하다. 지구는 지질학적으로 '살아' 있으며, 지각변동과 비바람 때문에 지표가 계속 변하고 있기에 40억 년 전의 기록은 거의 남아 있지 않다.

오히려 단서는 우리들 자신일 수 있다. 대단히 흥미롭게도, 지구에는 레고 시스템이 한 종류밖에 없다. 장난감 가게에 가면 각 회사에서 출시한 레고와 비슷한 다양한 블록 장난감을 볼 수 있는데 말이다. 하지만 지구에는 딱 한 종류의 레고 시스템밖에 없다니 이는 대단히 신기한 일이 아닌가? 오늘날에는 무생물 속에서 화학적 과정을 거쳐 생물이 자연 발생했다는 '화학진화설'이 주류 가설이다. 하지만 자연 속 바위 모양이 가지각색인 것처럼 레고 시스템도 다양하게 발생하는 편이 더 자연스럽지 않을까? 예를 들어 D형 아미노산을 사용하는 레고 시스템과 L형 아미노산을 사용하는 레고 시스템이 둘 다 존재하는 식으로 전혀 다른 두 가지 계통수phylogenic tree가 존재했을 수도 있지 않았을까?

이를 설명할 수 있는 네 가지 가설이 있다. 첫 번째는 생명이 발생하는 일 자체가 대단히 확률이 낮은 현상이라는 가설이다.

복권 1등에 두 번이나 당첨될 가능성이 거의 없는 것처럼, 지구에서는 생명이 단 한 번밖에 발생하지 않았던 것인지도 모른다. 즉, 우리 모두는 천문학적인 우연의 결과물이라는 말이다.

두 번째는 과거에 수많은 레고 시스템이 생겨났지만, 단 하나만이 살아남고 나머지는 모두 멸종했다는 가설이다. 만약 그렇다면 우리는 엄청난 생존경쟁을 뚫고 살아남은 종족의 후예인 셈이다.

세 번째는 자연 발생하는 생명의 레고 시스템이 특정 형태가 될 수밖에 없는 이유가 있다는 가설이다. 예를 들어 별은 가스가 모여서 자연스레 만들어지는데, 중력의 법칙에 따라 반드시 구형이 될 수밖에 없다. 이처럼 물리적, 화학적 작용 때문에 생명의 레고 시스템이 현재와 같은 형태가 되었다는 뜻이다. 그렇다면 우리는 우주에서 아주 보편적인 현상의 한 사례인 것이다.

네 번째는 생명이 운석 등을 타고 우주에서 왔다는 가설이다. 이를 판스페르미아panspermia설이라고 한다. 바다 너머에서 떠내려온 야자열매가 외딴섬에서 싹을 틔우듯이, 우주에서 흘러 들어온 '씨앗'이 지구에서 싹튼 것일지도 모른다. 이는 지구 생명의 기원을 우주에서 찾는 가설이다. 따라서 우주에서 온 생명이 어디서 처음 발생했는지, 왜 하필이면 지금과 같은 형태의 레고 시스템인지에 대한 의문은 여전히 남는다. 이 가설이 맞다면 우리는 알 수 없는 우주에서 온 표류자의 후예인 셈이다.

우리의 존재는 우연일까, 필연일까? 우리는 지구에서 태어난 것일까, 우주에서 이사 온 것일까? 현재로서는 이 네 가지 가설 중 어느 것이 맞고 틀리고를 논할 방법이 없다. 하지만 외계 생명체 탐사를 진행함으로써 어느 가설이 더 진실에 가까운지 알 수 있을지도 모른다.

이를테면 화성이나 유로파에서 생명이 발견되었고, 이는 지구와 전혀 다른 레고 시스템으로 이루어져 있었다고 가정해 보자. 그러면 두 번째 가설, 다시 말해 다양한 레고 시스템이 생겨나긴 했지만 경쟁 끝에 단 하나만 살아남았다는 가설에 설득력이 생긴다. 우연과 환경 요인 때문에 지구에서는 우리의 레고 시스템이 살아남았고, 화성이나 유로파에서는 다른 시스템이 살아남았다고 생각할 수 있다.

반대로 화성과 유로파의 생명이 지구와 완전히 같은 레고 시스템이라면 어떨까? 이때는 먼저 탐사선에 지구의 생명체가 들어가 있었을 가능성을 의심해 봐야 한다. 지구의 생명체 중에는 혹독한 환경 속에서도 끈질기게 살아남는 것도 있다. 예를 들어 물곰이라고 불리는 길이가 1밀리미터도 채 되지 않는 생물은 물이 없으면 '휴면 상태cryptobiosis'라 불리는 가사 상태에 빠진다. 2007년에 유럽우주국 등에서 진행한 실험에 따르면, 10일 동안 휴면 상태인 채로 우주 공간에 있었던 물곰이 다시 잠에서 깨어났다고 한다. 또한 아폴로 12호가 2년 반 전에 달에 착륙했던 무인 탐사선의 부품을 가지고 돌아와 보니, 안에 살아 있는 세균이 있었다.[16] 이처럼 가혹한 환경에서도 살아남을 수 있는 지구의 생물[17]이 탐사선에 숨어 들어가서 화성이나 유로파로 향하는 오랜 여행을 견뎌 내면, 이를 외계 생명체라고 오해할 소지가 있다.

그런 가능성을 완전히 배제하여, 우리가 진짜로 외계 생명체를 발견했다고 가정해 보자. 외계 생명체가 지구와 완전히 똑같은 레고 시스템이라면, 세 번째와 네 번째 가설에 설득력이 생길 것이다. 뭔가 이유가 있어서 생명은 우리와 똑같은 레고 시스템이 될 수밖에 없다는 가설과, 생명이 애초에 우주에서 왔다는 가설 말이다. 만약 후자의 가설이 옳다면, 우리는 어디서 온 것일

16 다만 이 결과에는 이론의 여지가 있다.

17 이러한 생물에 관해서는 히로카와 다이키堀川大樹, 『물곰박사의 최강생물

까? 어쩌면 화성에서 태어난 생명이 운석을 타고 지구로 왔을지도 모르고, 반대로 지구의 생명이 화성으로 갔을지도 모른다. 어쩌면 공기 중에서 떠다니는 민들레 씨앗처럼 우주 곳곳에 '생명의 씨앗'이 떠돌고 있어서,[18] 이 씨앗이 지구와 화성과 유로파에 떨어져서 싹을 틔운 건지도 모른다.

그럼 반대로 외계 생명체를 전혀 찾지 못하면 어떻게 될까? 물론 화성과 유로파 이외의 세계에 생명이 있을지도 모른다. 어쩌면 태양계 밖에 있을지도 모른다. 그러니 인류는 계속 우주에서 생명을 찾아다닐 것이다. 만약 은하를 전부 다 뒤져도 찾지 못하면 어떻게 될까?

전혀 찾지 못했다는 사실 자체도 과학적인 성과다. 그러면 우리는 서서히 첫 번째 가설, 즉 생명은 엄청난 우연이라는 가설과 함께 우리가 대단히 고독한 존재라는 사실을 받아들일 수밖에 없다. 생명이란 황량한 우주에 태어난 놀라운 기적이라는 사실

학 강의クマムシ博士の「最強生物」学講座: 私が愛した生きものたち』에서 잘 설명하고 있다.

18 '민들레 계획たんぽぽ計画'이라는 일본의 프로젝트가 현재 국제우주정거장에서 진행되고 있다. 민들레 씨앗처럼 우주를 떠도는 생명을 찾아내는 실험이다.

을 실감하고, 이를 좀 더 소중히 여기게 될 것이다.

우리는 누구인가?

우리는 어디서 왔는가?

우리는 고독한가?

이 의문에 대한 답을 찾는다 한들, 우리가 물질적으로 풍요로워지지는 않는다. 스마트폰 기능이 더 많아지는 것도 아니고, 자동차 가격이 저렴해지지도 않으며, 저금이 많아지지도 않고, 굶주린 아이를 구할 수도 없다. 그렇다고 이 의문에 대한 답을 찾는 일이 무의미할까? 만약 무의미하다고 단정한다면, 지구에 머무르며 물질적인 풍요만을 추구하는 삶을 택할 수도 있다.

하지만 나는 알고 싶다. 당신도 알고 싶지 않은가? 왜 알고 싶냐고 묻는다면 답하기는 곤란하다. 이는 충동적으로 여행을 떠나고 싶은 마음과 비슷할지도 모른다. 마음속 깊은 곳에서 무언가가 "가라" 하고 속삭이는 것이다. 분명 인류의 집단 무의식 속에서도 무언가가 속삭이고 있을 것이다. "가라"라고. 바로 그 '무언가'가 말이다.

분명 인간은 과학을 만들기 전부터, 별이 가득한 하늘을 올려다보며 자기 자신에게 물었을 것이다. "우리는 누구인가", "우리는 어디서 왔는가" 하고 말이다. 그리고 사람은 상상을 통해 그 답이 별이 가득한 하늘에 있다는 사실을 깨달은 것이다.

쓰디쓴 옛 경험에서 배우다

외계 생명체 탐사에는 커다란 문제가 하나 있다. 바로 지구에서 가져온 미생물 때문에 다른 세계를 오염시킬 위험성이다. 앞에서도 언급했듯이, 일부 생명체는 극단적인 환경에서도 버틸 수 있다. 만약 그런 생명체가 탐사선을 타고 화성, 유로파, 엔켈라두스 등에 가서 번식을 시작하면, 현지 생태계를 파괴할 가능성이 있다. 또 생명을 발견하더라도 이것이 외계 생명체인지 아닌지 구별할 수 없게 된다. 이는 곧 사상 최대의 발견 기회를 스스로 망치는 일이나 마찬가지다. 한번 오염되면 절대 돌이킬 수 없다.

인류는 이미 대항해시대에 쓰디쓴 경험을 했다. 이 시대에 유럽인이 식민지 원주민에게 엄청난 횡포를 부린 사실은 너무나 유명하다. 그런데 원주민 희생자 중 총과 칼 때문에 죽은 사람의 비율은 의외로 낮다.

원주민이 죽은 가장 큰 원인은 유럽인이 본의 아니게 옮긴 병원균 때문이었다. 신대륙 원주민은 다른 대륙의 병원균에 면역력이 전혀 없었기에 전염병이 창궐한 것이다. 예를 들어 유럽인이 오기 전에 멕시코 인구는 2000만 명이었는데, 유럽인과 함께 들어온 천연두 등의 질병이 유행하면서 100년 후에는 인구가 160만 명으로 줄고 말았다. 아스테카 황제 쿠이틀라우악Cuitláhuac도 병으로 죽었다. 아메리카 원주민인 만단Mandan족 마을도 유럽인과 접촉한 후, 천연두 때문에 인구가 2000명에서 40명 이하로 줄고 말았다. 아메리카 대륙 전체로 보면, 콜럼버스Cristoforo Colombo가 아메리카 대륙을 발견한 이후 200년 동안 역병 때문에 원주민 인구 95퍼센트가 감소했다고 추정된다.

반대로 신대륙의 병원균이 유럽으로 넘어온, 이른바 '역오염' 사례도 있었다. 예를 들어 매독은 원래 아메리카 대륙에만 있었던 병인데, 유럽으로 넘어오면서 1474년부터 엄청나게 유행했다. 그로부터 20년 뒤에는 유라시아 대륙을 횡단해 일본에까지 도달했다. 오늘날 매독은 치료할 수 있는 병이지만, 과거에는 죽음에 이르는 위험한 병이었다.

인류는 과거의 잘못을 통해 배운다. 1967년에 미국, 소련, 일본 등 주요 우주개발국을 포함한 104개국이 우주조약에 서명했다. 우주조약 제9조의 내용은 다음과 같다.

> 달과 기타 천체를 포함하는 우주 공간의 해로운 오염 및 지구외 물질 도입 때문에 생기는 지구 환경 악화를 피하는 방향으로 달과 기타 천체를 포함한 우주 공간을 연구 및 탐사하고, 필요하다면 이를 위해 적당한 조치를 취해야 한다.

이어서 과학자 집단인 국제우주공간연구위원회Committee on Space Research, COSPAR는 '행성 방호 원칙'을 책정했다. 원칙의 골자는 화성, 유로파, 엔켈라두스 등 생명 탐사 대상인 천체에 탐사선을 보낼 때는 생물 오염의 확률을 1만분의 1 이하로 억제해야 한다는 내용이다.

왜 1만분의 1인 것일까? 오염이 일어날 확률을 0으로 만드는 일은 불가능하기 때문이다. 유일한 방법은 탐사선을 보내지 않는 것뿐이다. 하지만 그러면 인류는 외계 생명체 탐사를 할 수 없다. 생물 오염의 위험성과 탐사의 필요성 사이에서 현실적인 타협을 한 결과가 바로 1만분의 1인 것이다.

그럼 구체적으로 어떻게 생물 오염을 막고 있을까? 의외로 단순한데, 바로 고온 살균이다. 화성에 착륙하는 나사의 탐사선은 모두 무균실에서 조립한 다음, 섭씨 125도인 아궁이 속에서 30시간 동안 고온 살균을 해야 한다. 이후로는 엄중히 밀봉하여 로켓에 탑재될 때까지 세균에 오염되지 않도록 한다.

화성 표본 회수 임무는 역오염에도 대비하고 있다. 화성에서 가지고 돌아온 표본은 생물안전 4등급 시설에서 엄중하게 관리해야 한다. 생물안전 4등급 시설이란 에볼라 바이러스와 천연두 바이러스를 다루는 가장 등급이 높은 안전시설이다.

유인 탐사일 때에는 어떻게 해야 할까? 인간은 세균 덩어리나 마찬가지다. 한 사람의 몸에 사는 세균 수는 총 40조 마리나 된다고 한다. 그렇다고 우주 비행사를 섭씨 125도인 아궁이 속에 30시간 동안 넣어 둘 수도 없는 노릇이다.

그러면 어떻게 해야 할까? 이에 관해서는 아직 결론이 나지 않았다. 따라서 지금 해야 할 일은 과학 조사와 기술 개발이다. 위험을 최소화하려면 다른 세계에서 지구 생물이 얼마나 버틸 수 있는지 더 자세히 알아야 한다. 또한 미생물을 완전히 차단하는 우주복과, 배설물 안에 있는 미생물을 확실하게 살균하는 변기도 필요하다. 나는 유인 탐사와 행성 방호가 기술적으로 충분히 양립할 수 있다고 본다. 중요한 것은 이를 위한 연구 개발에 충분히 투자해야 한다는 점과 아직 대비가 충분하지 않은 상태에서 섣부르게 계획을 진행해서는 안 된다는 점이다.

화성 이민은 지구 멸망을 위한 보험?

그러면 화성 이민은 어떨까? 스페이스X의 설립자인 일론 머스크Elon Reeve Musk는 앞으로 10년 정도 후에 화성 이민을 시작하겠다고 발표했다. 정말로 꿈으로 가득하고 두근거리는 이야기다. 나도 가능하다면 직접 화성에 가 보고 싶다.

일론 머스크는 우주개발에 어마어마하게 공헌했고, 이는 아무리 칭찬해도 과하지 않다. 그는 말 그대로 민간 우주개발 시대를 열었다. 그리고 우주개발의 고질적인 문제였던 로켓 발사 비용을 대폭 줄이려 노력하고 있다. 틀림없이 일론 머스크의 이름은 폰 브라운 등과 함께 우주개발 역사에 새겨질 것이다. 그의 실행력을 고려하면 비록 10년이라는 목표는 지키기 힘들더라도, 가까운 미래에 화성 이민이 실현될 수도 있다.

하지만 나는 일론 머스크가 너무 서두르는 모습을 보면 다소 걱정스럽다. 겨우 우주 비행사 몇 명이 아니라 수만 명이나 되는 사람이 화성에 이주한다면, 행성 방호는 더욱 어려워질 것이다. 우주조약과 COSPAR의 행성 방호 원칙을 위반해도 딱히 벌을 받지는 않지만 그렇다고 무시해도 좋다는 말은 아니다. 일론 머스크 역시 제대로 된 대책을 생각하고 있을까? 행성 방호에 관한 연구 개발에 투자하고 있을까? 위험성을 적절하게 평가하고 있을까? 역오염으로 지구를 위험에 빠뜨릴 위험성은 고려하고 있을까?

나는 우주 이민이 인류의 숙명이라고 생각한다. 언젠가 틀림없이 실현될 것이다. 그리고 화성에 연구소가 생겨서 과학자가 직접 현지에서 조사할 수 있게 되면, 화성 생명에 관한 연구는 빠르게 진행될 것이다.

하지만 너무 서두르다가 일을 그르쳐서는 안 된다.

과거 사례를 한 가지 더 들어 보자. 19세기 독일 사업가인 하인리히 슐리만Heinrich Schliemann은 어렸을 때 그리스 서사시이자

일론 머스크가 구상하는 화성 이민 ©스페이스X

'트로이 목마' 이야기로 잘 알려진 『일리아스』를 읽고, 이야기의 무대인 트로이아를 언젠가 보고 싶다는 꿈을 지니고 있었다. 당시에는 트로이아가 실제로 존재했다고 믿는 사람은 거의 없었다. 하지만 슐리만은 어른이 된 후에도 트로이아가 실재했을 것이라고 굳게 믿었으며, 무역을 해서 번 돈으로 발굴을 시작했다.

트로이아의 위치를 정확하게 추측해 낸 점을 봤을 때, 슐리만에게는 고고학 재능과 지식이 있었을 것이다. 하지만 그는 일을 너무 서둘렀다. 첫 번째 발견자라는 영예를 원했기 때문인지도 모르고, 자신이 살아 있는 동안 꼭 확인하고 싶었기 때문인지도 모른다. 기록을 제대로 남기지도 않은 채 거칠게 땅을 파헤친 끝에 마침내 슐리만은 트로이아를 발견했다. 이는 고고학사상 대발견이었다. 하지만 훗날 밝혀진 바에 따르면, 『일리아스』에 나온 트로이아는 다름 아닌 슐리만 본인이 성급하게 파헤치다 파괴해 버린 층에 있었다고 한다. 잃어버린 역사 기록은 두 번 다시 되찾을 수 없다. 슐리만이 꿈꾸었던 『일리아스』의 트로이아를, 역설적이게도 슐리만 자신이 영원히 파괴해 버린 것이다.

왜 일론 머스크는 그토록 서두르는 것일까? '지구가 멸망할 때를 위한 보험'이라고 그는 말한다. 이는 근거가 부족한 말이다. 다음 장에서 자세히 설명하겠지만, 적어도 향후 100년 동안 운석 충돌 등 외부 요인 때문에 문명이 멸망할 확률은 비행기 사고가 날 확률보다 낮다. 오히려 지구온난화나 핵전쟁 때문에 인류가 스스로 멸망할 확률이 훨씬 더 높다. 나도 이런 생각을 하고 싶지는 않지만, 만약 인류가 스스로 멸망할 정도로 어리석은 존재라면 두 번째 행성을 파괴하기 전에 지구와 함께 사라지는 편이 낫지 않을까?

어쩌면 일론 머스크는 '내가 살아 있는 동안에 화성 이민이 실현되는 모습을 보고 싶다'고 생각하는지도 모른다. 나도 같은 생각이다. 하지만 사업가 한 사람의 이기심이 행성 하나보다 더 무겁다고 할 수 있을까? 40억 년 동안이나 이어진 겨울을 가만히 견디고 있던 화성 생명체의 목숨이 인류의 꿈보다 가볍다고 할 수 있을까? 인류는 우주보다, 자연보다 더 위대한 존재라고 할 수 있을까? 우리는 겸허한 마음을 잊은 것이 아닐까?

오늘날의 인류 문명은 1만 년의 세월에 걸쳐 조금씩 쌓아 올려 온 결과다. 그리고 이 문명의 역사마저도 우주의 관점에서 보면, 서두에 쓴 '신창세기'에도 나와 있듯이 한순간일 뿐이다. 꼭 10년 내로 이민을 실현하지 않아도 화성이 사라져 버리지는 않는다. 필요하다면 50년이든 100년이든 1000년이든 기다리면 된다. 문명이 후퇴하지 않고 전진할 수 있도록. 과거의 잘못을 되풀이하지 않기 위해서.

우리는 틀림없이 역사의 전환점에 서 있다. 우리가 무엇을 이루고 어떤 잘못을 범하더라도 역사는 이를 기억할 것이다. 이 시대에 우리는 왜 우주로 가야 하는지 다시 한 번 깊게 생각해 봐야 한다.

대항해시대에 유럽인이 새로운 세상을 향해 떠난 이유는 무척 다양했다.

피사로Francisco Pizarro González는 황금 때문에 남미를 정복했다.

선교사는 기독교를 전파하는 일이 곧 선한 일이라고 믿었다.

시민은 고기에 뿌릴 향신료를 더 싸게 사고 싶었다.

선박 회사는 향신료를 팔아 돈을 벌기 위해 인도로 향했다.

서구 열강은 식민지를 만들고 자국의 영토 확대를 위해 바다를 건넜다.

그럼 우리는 왜 우주로 가는가?

지구가 멸망할 때를 대비하기 위해서인가?

식민지를 만들어 인류의 영토를 확대하기 위해서인가?

자원을 획득하기 위해서인가?

아니면 '우리는 누구인가', '우리는 어디서 왔는가', '우리는 고독한가' 등의 심원한 물음에 답을 찾기 위해서인가?

우주는 우리를 시험하고 있다. 인류가 얼마나 발전했는지를 가늠해 보고 있는 것이다.

창백한 푸른 점

우주에서 지구는 어떻게 보일까?
달 표면에서 보면 지구는 계속 하늘에 떠 있다. 마치 하늘에 고정되기라도 한 것처럼 낮에도 밤에도 항상 같은 장소에 있다. 이는 엄지손가락에 가려질 정도의 크기다. 그리고 한 달 주기로 차고 이지러진다. 지구에서 보름달이 보일 때, 달에서는 그믐지구가 보인다. 지구에서 그믐달이 보일 때 달에서는 보름지구가 보인다. 지구인이 상현달을 바라볼 때 달에 있는 친구는 하현지구를 우러러보며, 지구인이 하현달을 볼 때 달에 있는 연인은 상현지구를 올려다본다.
화성에서 푸른 석양이 진 다음에 서쪽 하늘에 밝은 별이 두 개 보인다면, 더 밝은 금색 별이 금성이고 더 어두운 푸른 별이 지구다. 시기에 따라서는 해가 뜨기 전 동쪽 하늘에서 보인다. 맨눈에는 점으로밖에 보이지 않는다. 하지만 2년 2개월에 한 번 지구가 접근하는 시기에 커다란 망원경으로 보면, 구름과 바다와 대륙을 구분할 수 있을지도 모른다. 지구에서 온 이민자는 눈을 부릅뜨며 망원경의 흐린 시야 속에서 자신이 태어난 거리를 찾으려 할 것이다.
서두에 카시니 탐사선이 토성에서 찍은 지구 사진을 실어 두었다. 토성에서 보면 지구는 눈에 띄는 별이 아니다. 오히려 토성의 수많은 위성이 훨씬 더 밝게 보인다.
마지막으로 뒷장에 실은 사진을 보기 바란다. 보이저 1호가 해왕성 궤도보다 더욱 먼 곳, 40천문단위(60억 킬로미터)

거리에서 지구를 찍은 사진이다. 밝기는 4등성에서 5등성 정도다. 밤에 불빛이 전혀 보이지 않는 곳에 가야 겨우 보이는, 수없이 많은 흐린 별과 비슷한 밝기다. 칼 세이건은 이를 "창백한 푸른 점Pale Blue Dot"이라고 불렀다. 이 사진에서 영감을 얻어 쓴 칼 세이건의 책 『창백한 푸른 점』에는 다음과 같은 내용이 실려 있다.

다시 한 번 저 점을 보고 싶다. 저것이다. 저 점이 우리가 살 곳이다. 저 점이 곧 우리다. 저 위에서 당신이 사랑하는 모든 사람, 당신이 알고 있는 모든 사람, 당신이 들은 적이 있는 모든 사람, 역사상의 모든 사람이 각자의 인생을 살았다. 인류의 기쁨과 괴로움의 반복, 수천 가지 종교와 이념과 경제 이론, 모든 수렵채집인, 모든 영웅과 겁쟁이, 모든 문명의 창조자와 파괴자, 모든 왕과 농민, 모든 연인, 모든 어머니와 아버지, 희망에 부푼 아이들, 발명가와 모험가, 모든 설교사, 모든 부패한 정치가, 모든 '슈퍼스타', 모든 '최고 지도자', 인류 역사상 모든 성인과 죄인은 태양 광선에 매달려 있는 이 작은 먼지 위에서 산 것이다.
지구는 드넓은 우주라는 공연장 안에 있는 몹시 작은 무대다.
부디 생각해 봤으면 한다. 이 픽셀의 끄트머리에 사는 이들이, 같은 픽셀의 다른 끄트머리에 사는 거의 똑같이 생긴 이들에게 저지른 잔혹한 일들을 말이다. 그들은 얼마나 자주 서로를 오해했을까. 얼마나 열심히 서로를 죽였을까.
얼마나 격렬하게 서로를 증오했을까.
부디 생각해 봤으면 한다. 수많은 장군과 황제가 영광스러운 승리 끝에, 이 점의 극히 일부를 일시적으로 지배하기 위해 흘린 피의 양을 말이다.

우리의 오만함, 자신이 중요하다는 착각, 우리가 우주에서 특별한 지위를 차지하고 있다는 환상을 말이다. 이 창백한 점은 그런 생각에 이의를 제기한다. 우리 행성은 우주의 심원한 어둠 속에 떠 있는 고독한 먼지일 뿐이다. 지구가 얼마나 보잘것없고 우주가 얼마나 드넓은지를 생각하면, 인류가 스스로 위기에 빠진다고 해서 누가 구해 줄 것이라고는 생각하기 어렵다.
지구는 현재 우리가 알고 있는 한 생명이 존재하는 유일한 별이다. 적어도 가까운 미래에 우리 종족이 이주할 만한 다른 장소는 없다. 다른 별을 방문할 수는 있겠지만 이민은 아직 멀었다. 좋든 싫든 우리는 아직 지구에 의존해야만 한다.
천문학은 우리를 겸허하게 만들며, 자신이 누구인지 알려 주는 경험이다. 아마도 이 머나먼 저편에서 찍은 작은 지구 사진만큼, 인류의 오만함과 어리석음을 단적으로 드러낼 수 있는 것은 없을 것이다. 이는 또한 인류가 서로를 배려하게 만들며, 이 창백한 푸른 점인 우리의 유일한 고향을 사랑하고 지킬 책임을 강조한다.

—칼 세이건의 『창백한 푸른 점』에서(필자 번역)

보이저 1호가 40천문단위 거리에서 촬영한 지구.
칼 세이건은 이를 창백한 푸른 점이라고 불렀다. ©NASA/JPL-Caltech

5 호모 아스트로룸

For small creatures such as we the vastness is
bearable only through love.
우리 같은 작은 생물은 오직 사랑으로만
이 광대함을 견뎌 낼 수 있다.

- 칼 세이건, 『콘택트』

외계인은 존재할까?

나는 없을 리가 없다고 생각한다. 예를 들어 어떤 행성에 지적 생명체가 존재할 확률이, 일본인이 도쿄대학 들어갈 확률(0.1퍼센트)과 같다고 해 보자. 우리 은하계에는 행성이 수천억 개나 존재하니, 이 중 몇억 개에 문명이 존재한다는 말이 된다. 아니면 어떤 사람이 노벨상을 받을 확률(0.00001퍼센트)과 같다고 해 보자. 그래도 우리 은하에 문명이 존재하는 행성이 수만 개나 존재한다는 결론이 나온다.

게다가 우주에는 은하가 수천억 개나 존재한다. 우주 어딘가에, 꼭 현재가 아니어도 과거나 미래의 어느 시점에 외계 문명이 존재했거나 존재할 확률은 한없이 100퍼센트에 가까울 것이다.

그럼 어디에 있는 것일까?

모른다. 다만 한 가지 확실한 사실이 있다. 바로 대다수 외계 문명은 지구보다 압도적으로 발전해 있을 것이라는 점이다. 만약 한 외계 문명이 138억 년이나 되는 우주 나이의 고작 100만분의 1, 즉 0.0001퍼센트만큼만 지구 문명보다 일찍 생겨났다고 해 보자. 그러면 이 문명은 지구보다 1만 년 이상 오래되었다는 말이 된다. 반대로 지구보다 0.0001퍼센트만큼 늦게 생겨난 문명이라면 지구보다 1만 년 이상 나중에 태어났다는 뜻이다. 지구에서 농업이 시작된 시기가 1만 년 전이다. 아마도 아직 문명이라고 말하기조차 부끄러운 수준일 것이다. 즉 갓난아기에게는 대다수 사람이 자신보다 나이가 많다는 것과 같은 이치다. 우주의 시간으로 봤을 때, 인류 문명은 아직 젖도 떼지 못한 갓난아기나 다름없다는 뜻이다.

따라서 인류 문명이 가진 전파 교신 기술 따위는 틀림없이 외계 문명에도 존재할 것이고, 수만 광년을 여행할 수 있는 우주선도 갖고 있을지 모른다.

그럼 외계 문명은 지구에 사절단을 파견하거나, 전파로 친서를 송신하지는 않았을까?

현재까지는 그런 증거가 없다. 미확인비행물체Unidentified Flying Object, UFO나 외계인 목격담은 옛날부터 많았다. 과학은 이를 딱히 부정하지는 않지만, 과학적 사실로 다루기에는 너무 근거가 부족하다. 이 장에서 설명하겠지만, 외계의 지적 생명 탐사, 세티 프로젝트Search for Extra-Terrestrial Intelligence, SETI도 반세기 이상 이어져 왔다. 바로 전파망원경으로 외계인이 보낸 전파를 찾아보자는 시도다. 외계인이 보낸 것으로 의심되는 신호를 수신한 적이 몇 번 있지만, 확실한 사례는 단 한 건도 없었다. 외계 문명 또한 '마지막 가설'이다. UFO나 외계인 목격담도, 세티의 후보 신호도 모두 외계 문명과 상관없는 가설(자연현상, 천문현상, 잡음, 환각 등)로 설명할 수 있다. 그렇다면 인류는 아직 한 번도 외계 문명과 만나지 못한 셈이다.

왜 그런 걸까? 분명 우주에는 통계적으로 수없이 많은 문명이 존재할 텐데, 왜 그들은 우리에게 접촉해 오지 않는 것일까?

단지 아직 찾아오지 않았을 뿐일까?

아직 우리를 알아차리지 못했기 때문일까?

아니면 역시 UFO와 외계인 목격담은 사실이었단 말일까?

아니면 우리는 우주에서 고독한 존재일까?

사실 10년 전만 해도 이 질문에 답을 구하기 위한 유일한 방법은 널리 알려져 있는 '드레이크 방정식'이었다. 드레이크 방정식은 은하에서 매년 생겨나는 항성 수에 항성이 행성을 지닐 확률, 행성이 거주 가능할 확률, 거주 가능 행성에서 생명이 태어날 확률, 생명이 지적 생명으로 진화할 확률, 그리고 지적 문명의 평균 존속 기간을 모두 곱하면 현재 은하계에 존재하는 지적 문명의 수를 어림할 수 있다는 간단한 방정식이다.[1]

드레이크 방정식이 왜 이런 단순한 형태인가 하면, 이 방정식이 고안된 1961년에는 첫 번째 항인 '은하에서 매년 생겨나는 항성 수'밖에 몰랐기 때문이다. 유일하게 알고 있는 정보를 출발점으로 삼고 다른 항을 인류의 한정된 지식으로 보완하며 '외계 문명의 수'를 그럴듯하게 예상하기 위한 고육지책이 바로 드레이크 방정식이었던 셈이다.

최근에는 외계 행성 탐사가 급격하게 발전하면서, 먼 곳에 있는 거주 가능 행성의 수를 관측 결과에 따라 추정할 수 있게 되었다. 생명이 존재하는 행성을 찾으려는 시도도 계속되고 있다. 그리고 외계 문명을 찾는 데 집중하는 세티도 진행되고 있다.

1 실제로는 조금 더 복잡하지만, 여기서는 자세히 다루지 않겠다.

이번 장에서는 이런 외계 문명 탐색에 대한 최신 조사 결과를 소개하면서, 외계 문명과 접촉하여 호모 아스트로룸Homo Astrorum, 다시 말해 '우주의 사람'으로 진화한 인류의 미래를 상상해 본다.

외계 행성 탐사는 이제 막 시작됐다

모든 일은 시작은 샤워였다. 1983년에 캘리포니아주 패서디나에 있는 카네기연구소Carnegie Institution for Science에는 당시 스물여덟 살이었던 제프리 마시Geoffrey Marcy라는 박사후연구원이 있었다. 한 유명한 천문학자가 마시의 연구를 혹독하게 비판하는 바람에 그는 정신적으로 몹시 피폐해져 있었다. 또한 향후 진로도 막막하다 보니 의욕도 무척 떨어진 상태였다.

어느 날 아침 그는 우울한 기분으로 샤워를 하면서 생각에 빠졌다. 이대로 가만히 있을 수는 없다. 내가 즐겁게 할 수 있는 연구, 나 자신에게 의미 있는 연구를 해야 하는데……. 내가 하고 싶은 연구는 대체 뭘까?

답은 이미 그의 마음속에 있었다.

"별들 사이에서 행성을 찾아보자."

당시에는 전 세계 어떤 천문학자도 진지하게 연구하지 않았던 분야였다. 게다가 그다지 유망해 보이지 않는 주제였다. 하지만 어차피 지금 하는 연구를 계속해도 실패할 것이 뻔했다. '그렇다면 내가 열정적으로 하고 싶은 연구를 하고 성대하게 실패해 버리자.' 샤워를 마쳤을 때 그는 이렇게 다짐했다.

그 후, 마시는 샌프란시스코 주립대학 교수가 되었다. 여기서 그는 중요한 사람과 만나게 된다. 바로 폴 버틀러R. Paul Butler라는 대학원생이었다. 처음 만났을 때는 교수와 학생 관계였지만, 이후 약 20년에 걸쳐 두 사람은 수많은 발견을 함께 해내며 외계 행성 탐사의 황금기를 만들어 냈다.

때때로 혁명이란 만남에서 시작되는 법이다. 이를테면 삼국지에 나오는 유비·관우·장비의 만남, 비틀즈의 존 레넌John Lennon과 폴 매카트니Paul McCartney의 만남, 애플의 스티브 잡스와 워즈니악Steve Wozniak의 만남 등이 그렇다. 마시와 버틀러의 관계는 애플 창업자인 스티브 잡스와 워즈니악의 관계와 비슷한 것 같다. 마시는 천문학 지식이 풍부했으며 화술에 능하고 카리스마가 있었다. 이와 다르게 버틀러는 기술자에 가까워서 외계 행성 발견에 필요한 기술을 개발하는 데 크게 공헌했다.

대체 어떻게 해야 수십 광년 떨어진 곳에 있는 행성을 찾을 수 있을까? 행성은 항성 곁에 있다. 따라서 아무리 우수한 망원경을 써도 항성의 밝은 빛에 가려져서 행성은 보이지 않는다. 그래서 마시와 버틀러는 '시선속도법' 혹은 '도플러 분광학'이라고 불리는 방법을 사용했다. 이는 별의 흔들림을 이용해서 행성을 검출하는 방법이다.

보통 우리는 지구가 가만히 있는 태양 주위를 돌고 있다고 생각한다. 엄밀하게 말하면 이는 틀렸다. 왜냐면 실제로는 태양도 지구 때문에 미세하게 흔들리기 때문이다. 태양은 지구보다 훨씬 더 무겁기에 거의 움직이지 않는 것처럼 보일 뿐이다. 태양이 흔들리는 속도는 겨우 시속 0.3킬로미터밖에 되지 않는다. 질량이 지구의 300배인 목성은 지구보다 더 세게 태양을 휘두르지만, 그래도 시속 45킬로미터 정도다. 이 미세한 흔들림을 직접 볼 수는 없지만, 〈그림 9〉처럼 빛의 도플러효과[2]를 정밀하게 측

2 도플러효과란 구급차가 다가올 때는 사이렌 소리가 높게 들리고, 멀어질 때는 낮게 들리는 현상이다. 빛도 광원이 다가올 때는 파장이 짧아지고(보라색에 가까워지고), 멀어질 때는 파장이 길어진다(빨간색에 가까워진다).

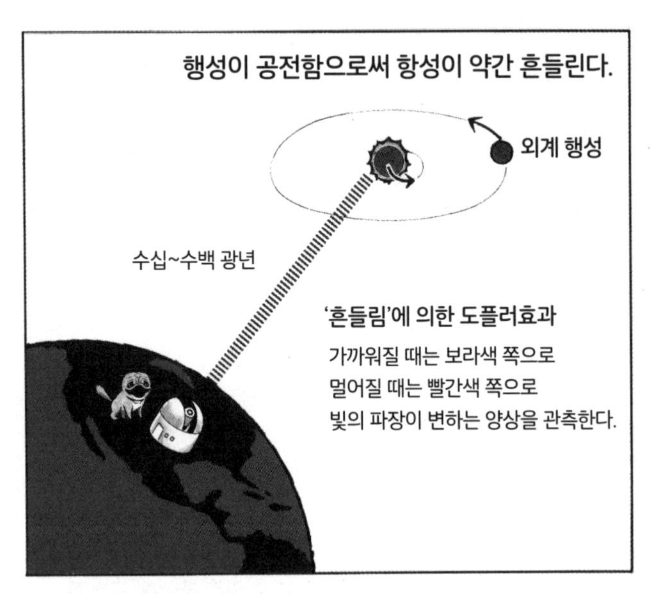

〈그림 9〉 시선속도법으로 외계 행성 검출하기

정하면 검출해 낼 수 있다.[3] 이는 행성이 존재한다는 증거가 된다.

마시와 버틀러는 시선속도법으로 태양 근처에 있는 별을 닥치는 대로 조사했다. 하지만 몇 년 동안 외계 행성을 하나도 발견하지 못했다. 그들은 몹시 초조했다. 왜냐면 경쟁 상대가 있었기 때문이다. 스위스의 미헬 마이어Michel Mayor와 디디에 켈로즈

3 흡수선 이동을 측정해서 검출한다.

Didier Queloz도 독자적으로 시선속도법을 개량하여, '세계 최초'로 외계 행성을 발견했다는 영예를 거머쥐기 위해 망원경으로 밤하늘을 들여다보고 있었다.

발견은 상식 밖에 있다

1995년 어느 날, 무척 갑작스러운 소식이 전해졌다. 마시와 버틀러가 밤하늘에서 행성을 찾기 시작한 지 8년째 되는 해였다. 페가수스자리 51Pegasi 51이라는 별이 있다. 눈에 띄지 않아서 이름 대신 번호로 불리던 이 별 주위에 외계 행성이 존재한다는 사실을 스위스 연구 팀이 발견한 것이다. 펄서pulsar라고 불리는 별의 시체 근처에서 행성이 발견된 적은 있었지만, 태양 같은 일반적인 별(주계열성) 근처에서 행성이 발견된 것은 세계 최초였다.[4] 역사적으로 대단히 중요한 발견이었지만, 어쩐 일인지 이 행성에는 '페가수스자리 51 b'라는 대단히 무미건조한 기호가 붙여졌

4 이보다 먼저 HD 114762 b라는 행성이 주계열성 주변에서 발견되기는 했지만, 당시에는 이것이 행성인지 갈색왜성인지 알 수 없었다. 따라서 최초로 주계열성의 행성으로 확인된 페가수스자리 51 b 쪽이 역사적 의의가 더 크다.

위_ 페가수스자리 51 b의 상상도 ©ESO/M. Kornmesser/Nick Risinger(skysu RV ey.org)
아래_케플러 우주망원경 ©NASA/JPL-Caltech

다. 페가수스자리 51 항성계의 두 번째 천체이므로 맨 끝에 b를 붙였을 뿐이다.

이 소식을 듣고 깜짝 놀란 마시와 버틀러는 페가수스자리 51 방향으로 허둥지둥 망원경을 돌렸다. 그리고 고작 며칠 만에 이들은 별의 '흔들림'을 확인했다. 게다가 마시와 버틀러는 과거 데이터를 다시 검토해, 외계 행성이 두 개나 더 있다는 사실을 밝혀냈다.

망원경이나 검출기 성능이 부족했기 때문이 아니었다. 운 나쁘게 망원경으로 엉뚱한 별을 바라보고 있던 것도 아니었다. 분명히 이들의 망원경은 세계 최초로 외계 행성 때문에 생기는 흔들림을 관측하기는 했다. 그저 단순히, 데이터 안에 파묻힌 외계 행성의 신호를 알아차리지 못했을 뿐이다. 이들이 얼마나 분했을지 상상조차 할 수 없다.

마시와 버틀러가 이 행성을 놓친 이유는 그저 부주의 때문만은 아니었다. 페가수스자리 51 b는 너무나도 상식 밖의 행성이었다. 페가수스자리 51 b는 질량이 목성의 반 정도나 되는 거대한 행성인데, 항성에서 고작 0.05천문단위 떨어진 곳에서 무려 4.2일 주기로 공전하고 있었다. 상상할 수 있는가? 겨우 4일 만에 태양을 한 바퀴 도는 거대한 행성을 말이다. 태양계에서 가장 공전주기가 짧은 수성도 태양을 한 바퀴 도는 데 88일이 걸린다. 설마 1년이 단 4일인 세계가 있을 줄이야……. 게다가 크기도 목성만큼 컸다. 이상한 점은 극단적으로 짧은 공전주기만이 아니었다. 항성과 너무 가깝다 보니 페가수스자리 51 b의 표면 온도는 섭씨 1000도 이상으로 추정되었다.

또한, 마시와 버틀러의 데이터 속에 숨어 있던 다른 두 행성도 항성 근처에 있는 거대한 행성이었다. 이런 종류의 행성은 훗날 '뜨거운 목성Hot Jupiter'이라고 불리게 된다.

뜨거운 목성은 질량이 크다 보니 별의 흔들림도 강해서, 가장 검출하기 쉬운 행성이다. 하지만 마시와 버틀러는 고작 며칠 만에 항성을 한 바퀴 도는 행성 같은 건 상상하지도 못했다. 그래서 이들은 더 주기가 긴 흔들림만을 찾고 있었다. 자기도 모르는 사이에 태양계의 상식에 얽매여 있었던 것이다. 그래서 페가수스자리 51 b를 놓치고 말았다. 스위스의 연구 팀이 최초로 외계 행성을 발견할 수 있었던 이유는 그저 운이 좋았기 때문도 아니고, 커다란 망원경과 정밀한 관측 기기 때문도 아니었다. 바로 상상의 폭이 조금 더 넓었기 때문이다.

그 후로 마시와 버틀러는 마치 분한 마음을 삭이려는 듯이 계속 발견을 해 나갔다. 이들은 초기에 발견된 외계 행성 100개 중 70개를 찾아냈다. 발견을 할 때마다 세계적인 뉴스가 되었고, 두 사람은 단숨에 유명인이 되었다. 외계 행성 탐사의 황금시대가 열린 것이다.

초기에는 뜨거운 목성만 발견되었지만, 검출 성능이 높아지면서 태양계 행성과 좀 더 비슷한 행성도 발견되기 시작했다.

스위스 연구 팀과 미국 팀의 경쟁은 무척 치열했다. 미국 팀이 학회에서 발견한 내용을 스위스 팀이 먼저 발견했다고 주장하기도 했다. 스위스 팀의 실수를 미국 팀이 발견해서 논문을 철회시키기도 했다. 무언가를 동시에 발견할 때도 있었다.

경쟁은 발전을 가속한다. 페가수스자리 51 b가 발견된 후 고작 10년 동안 확인된 외계 행성 수는 수백 개에 이르렀다. 처음에는 발견할 때마다 뉴스가 되었지만 금세 일상이 되어 버렸다. 이와 함께 천문학이 유망한 분야로 주목받으면서 연구자 수도 많아졌다. 그 중심에는 이 분야를 개척한 마시, 버틀러, 그리고 스위스 팀의 천문학자들이 있었다.

한편으로 위대한 성공은 마시와 버틀러의 오랜 우정에 금이

가게 만들었다. 비틀즈가 해산하고 스티브 잡스와 워즈니악이 서로 다른 길을 갔듯이, 성공한 단짝은 결국 갈라설 수밖에 없나 보다.

2007년에 버틀러는 마시와 결별하고 자신만의 팀을 꾸렸다. 한편 마시는 완전히 새로운 형태의 외계 행성 탐사를 시작했다. 바로 특별한 우주망원경을 이용한 탐사였다. 이는 외계 행성 탐사에 두 번째 혁명을 일으켰다.

천억×천억 개의 세계

행성은 아주 많다. 그중에 생명이 살 수 있는 행성은 얼마나 될까? 나사는 이를 알아내기 위해 케플러 우주망원경Kepler space observatory을 쏘아 올렸다. 마시는 이 계획에 공동 연구자로 참여했다.

케플러 우주망원경은 저예산 임무로, 허블 우주망원경에 비하면 꽤 아담하다. 망원경의 주경 면적은 허블의 3분의 1이고, 무게는 10분의 1이 안 된다. 허블 우주망원경은 여러 용도로 쓸 수 있지만, 케플러 우주망원경의 목적은 오직 외계 행성 탐사뿐이다. 이 작은 망원경이 눈부신 성과를 이룬 비밀은 바로 특수한 관측 방법에 있다.

앞서 설명했듯이 그동안은 별의 흔들림을 검출하기 위해 주로 시선속도법을 사용했다. 그런데 케플러 우주망원경은 별의 '깜박임'을 관측하여 행성을 검출한다. 이를 '통과측광법transit photometry'이라고 한다. 원리는 무척 단순하다. 어떤 항성을 가만히 쳐다본다. 눈도 깜박이지 않은 채 몇 년 동안이나 계속 쳐다봐야 한다. 만약 이 항성 주위에 행성이 존재하고 운이 좋다면, 행성이 항성과 지구 사이에 끼어들어 항성을 일부 가릴 것이다. 이를 '통과transit'라고 한다. 통과가 일어나는 순간에는 별의 밝기가 아주 약간 어두워진다. 만약 이를 검출해 낼 수 있다면 행성을 간접적으로 발견할 수 있다.

케플러 우주망원경은 24시간 내내 백조자리 오른쪽 날개 방향을 향하고 있다. 그리고 견우와 직녀가 서로를 만나기 위해 건넌 은하수 한쪽에 있는 별 6만 5000개를 계속 쳐다보고 있다.

사실 케플러 우주망원경을 쏘아 올리기 전에는 얼마나 많은 행성을 찾아낼 수 있을지 아무도 예상하지 못했다. 그런데 막상 뚜껑을 열어 보니 행성이 마구 발견되기 시작했다. 마치 골드러시 같았다. 파면 팔수록 금이 나오는 금광이나 마찬가지였다.

2017년 12월을 기준으로 케플러 우주망원경이 발견한 행성 수는 2526개에 이른다. 이 중 30개는 생명체 거주 가능 영역(해비터블 존Habitable Zone)[5] 안에 있고 크기가 지구의 두 배 이하인 행성이다. 얼마 전까지만 해도 인류는 외계 행성을 수백 개밖에 몰랐는데, 저예산 우주망원경 단 한 대 덕분에 행성을 무려 수천 개나 발견한 것이다!

잊지 말아야 할 사실이 하나 더 있다. 바로 케플러 우주망원경은 오직 백조자리 일부만을 관측했다는 점이다. 그리고 지구와 같은 궤도를 도는 행성이 운 좋게 통과를 일으킬 확률은 약 200분의 1이다. 이런 조건인데도 무려 수천 개 행성을 발견했다. 관측 결과에 따라 추정해 본 결과, 은하에는 행성이 수천억 개나 존재할 것이라고 한다!

'천억'이 대체 얼마나 큰 숫자인지 상상할 수 있겠는가? 예를 들어 집에 있는 욕조를 탁구공으로 가득 채운다고 해 보자. 이때 필요한 탁구공은 약 5000개다. 이번에는 25미터 수영장을 탁구

5 중심에 있는 별에서 적당히 떨어져 있어서, 지표에 액체 상태 물이 존재할 수 있을 것으로 보이는 고리 모양 구역.

공으로 채워 보자. 800만 개면 충분하다. 그럼 야구장을 가득 채우려면 탁구공이 몇 개나 필요할까? 그래도 270억 개면 된다. 야구장 네 개를 전부 다 가득 채우는 데 필요한 탁구공의 수가 바로 은하에 존재하는 행성의 수다.

이는 어디까지나 우리가 사는 하나의 은하계에 존재하는 행성 수일뿐이다. 우주에는 이런 은하가 수천억 개나 존재한다고 한다. 천억의 천억 배나 되는 수의 세계라니……. 당신은 상상할 수 있겠는가?

케플러 우주망원경의 업적이 위대한 이유는 단순히 행성을 많이 발견했기 때문이 아니다. 바로 우리의 상상력을 자극하는 다양한 세계를 발견했기 때문이다. 몇 가지 예를 들어 보자.

케플러Kepler 452 b는 지구와 아주 비슷한 행성이며, 1400광년 떨어진 곳에 존재한다. 지름은 지구의 1.6배, 1년은 385일이다. 또한 태양과 아주 닮은 항성 주위를 돌고 있다. 참고로 '케플러 452'라는 기계적인 이름은 케플러 우주망원경이 452번째로 발견한, 행성이 달린 항성이라는 뜻이다. 강물을 이루는 물 분자 하나하나에 이름이 달려 있지 않은 것처럼, 은하수를 이루는 수많은 별에는 이름은커녕 번호도 달려 있지 않다.

케플러 16 b는 지구에서 200광년 떨어진 곳에 있는 토성만 한 행성이다. 이 세계의 하늘에는 태양이 두 개나 떠 있다. 아침에는 해가 두 개 뜨고, 저녁에는 해가 두 개 진다.[6]

1200광년 떨어진 케플러 62 항성계에서는 행성이 5개나 발견되었다. 이 중 바깥쪽에 있는 행성인 케플러 62 e와 케플러 62 f는 생명체 거주 가능 영역 안에 있다. 만약 이 두 행성에 생명이 존재한다면, 그리고 문명이 있다면, 먼저 우주를 건널 수 있는 배를 만든 문명이 다른 문명을 방문할 것이다. 이 방문이 정복욕으로 가득한 식민지 정복일까, 아니면 지적 호기심에 따른 과학 탐사일까?

2013년에 케플러 우주망원경은 자세제어 휠 네 개 중 두 개가 고장 나는 바람에 주요 임무를 마치게 되었다. 하지만 남은 기능을 이용해 현재도 관측을 하고 있으며, 전보다 느리기는 하지만 계속 행성을 발견해 내고 있다.

그사이에 마시는 예순 살이 다 되었다. 샤워하면서 '어차피 실패할 거라면 하고 싶은 연구를 하고 성대하게 실패해 버리자'는

6 <스타워즈>의 열렬한 팬인 나는 에피소드 4에서 주인공이 사막에서 지는 두 개의 석양을 보면서 앞날을 고민하는 명장면이 떠오른다.

맹세를 한 지도 어느새 30여 년이 지났다. 그는 외계 행성 탐사를 개척한 선구자가 되었고, 이 분야의 황금기를 열었으며, 누구나 알 만한 일인자가 되었다. 노벨상 후보라는 소문이 난 적도 있었다. 누구든 마시가 천문학사에 영광스러운 이름을 남기고 빛나는 경력을 마치리라 생각했다.

하지만 그의 경력은 생각지 못한 모습으로 끝나고 말았다. 여러 여성이 마시의 성추행을 고발했고, 2015년에 대학은 이를 인정했다. 그가 거두었던 성공만큼 불명예도 더 컸다. 마시는 휘몰아치는 비판과 언론의 추궁에 도망치듯 그해에 은퇴했다.

한편 마시와 결별한 버틀러는 계속 발견을 이어 나갔다. 2016년에 그는 한때 경쟁 상대였던 스위스 연구 팀과 협력하여, 태양계에서 가장 가까운 행성인 프록시마켄타우리 근처에서 행성을 발견했다. 게다가 이 행성은 생명체 거주 가능 영역 안에 있었다. 지구에서 겨우 4.2광년 떨어져 있기에 아마도 이곳이 인류가 처음으로 방문할 태양계 밖 세계가 될 것이다.

위_외계 행성 케플러 62 f의 상상도. 이 행성은 생명체 거주 가능 영역 안에 있다.
©NASA Ames/JPL-Caltech

아래_태양계에서 가장 가까운 외계 행성인 켄타우리프록시마 b의 상상도
©ESO/M. Kornmesser

물질이 가진 지문, 스펙트럼

앞서 언급했듯이, 은하에는 생명이 살 가능성이 있는 행성이 많다. 그럼 실제로 생명이 태어난 세계는 과연 얼마나 될까?

'생명체 거주 가능 영역'이란 어디까지나 생명이 살 가능성이 높은 환경이라는 뜻일 뿐이지, 꼭 생명이 살고 있다는 보장은 아니다. 이를테면 화성도 생명체 거주 가능 영역 안에 있지만, 대기와 액체 상태의 물을 잃었기 때문에 적어도 지표면에서는 생명이 살 수 없어 보인다. 그럼 어떻게 해야 외계 행성에 생명이 존재하는지 알 수 있을까?

외계 행성을 직접 관측해야 한다. 행성에서 나오는 빛을 망원경으로 직접 볼 수 있어야 한다는 뜻이다. 현재까지 발견된 행성 대부분은 항성의 '흔들림'이나 '깜박임' 등 간접적인 증거를 통해 찾아냈다.

이런 행성을 직접 보는 것은 기술적으로 대단히 어렵다. 왜냐면 근처에 있는 항성에 비해 너무 어둡기 때문이다. 예를 들어 멀리 있는 별에서 보면, 지구의 밝기는 태양의 100억분의 1이다. 물론 멀리 있는 행성에서 나온 빛이 지구에 도달하기는 한다. 하지만 조명 때문에 환한 밤거리에서는 반딧불이가 내는 불빛이 보이지 않듯이, 행성에서 나온 빛은 근처에 있는 항성에서 나온 빛에 가려지고 만다.

이를 해결하기 위해 '코로나그래프coronagraph'라는 특수한 망원경을 쓰기도 한다. 아이디어 자체는 간단하다. 항성에서 나온 빛을 가려 버리는 것이다. 그러면 주위에 있는 어두운 행성의 빛이 보이기 시작한다. 이는 마치 망원경 안에서 인공적으로 개기일식을 만드는 것과 같다.

이 아이디어를 채용한 광각 적외선 우주망원경Wide Field Infrared Survey Telescope, WFIRST이라는 차세대 우주망원경이 2020년대에 발사될 예정이다. WFIRST의 주경 면적은 허블 우주망원경과 거의 같다. 사실 이 망원경은 미국 국가정찰국National Reconnaissance Office, NRO이 쓰지 않는 정찰위성을 나사에 기부한 것이다. 거기다 코로나그래프를 추가하여 지구 대신 우주를 관측하면, 항성으로부터 3~10천문단위 떨어진 해왕성(지름이 지구의 약 5배)보다 큰 행성을 직접 관측할 수 있다.

생명체 거주 가능 영역에 있는 지구만 한 크기의 행성을 직접 관측하기는 어렵다. 이를 해결하기 위해 현재 미국 프린스턴대학, 나사, JPL에서 '스타 셰이드Star shade'라는 방법을 연구하고 있다. 해바라기 같은 모양 때문에 우주 해바라기Space Sunflower라는 별명이 붙었다.

그림에서 볼 수 있듯이, 스타 셰이드는 지름이 수십 미터나 되는 거대한 우주망원경용 차폐판이다. 스타 셰이드를 우주망원경에서 5만 킬로미터 정도 떨어진 곳에 두면 항성의 빛을 가릴 수 있다. 스타 셰이드가 해바라기처럼 생긴 이유는, 가장자리에서 나오는 회절광이 서로 간섭하여 절묘하게 상쇄되도록 하기 위해서다. 스타 셰이드로 항성의 빛을 가리면, 그동안 보이지 않던 작은 행성의 빛이 보일 것이다.

하지만 아무리 '직접 관측'한다고 해도 아폴로가 촬영한 둥근 지구 사진 같은 것은 찍을 수 없다. 아무리 우수한 망원경을 동원해도 외계 행성은 1픽셀 이상으로 크게 찍을 수 없다. 1픽셀만 가지고는 강과 숲과 마을은커녕 대륙과 바다와 구름도 구분할 수 없다. 대체 과학자는 고작 1픽셀뿐인 빛만 가지고 어떻게 생명의 증거를 찾으려는 것일까?

답은 바로 '무지개'다. 외계 행성에서 나온 1픽셀짜리 빛이 프리즘을 통과하면 색이 분해되어, 빨간색부터 보라색까지 늘어선

지구와 비슷한 크기의 외계 행성을 직접 관측할 수 있도록 해 주는 '스타 셰이드'
©NASA/JPL-Caltech

무지개가 된다. 이를 '스펙트럼spectrum'이라고 한다. 스펙트럼을 잘 보면 군데군데 벌레 먹은 것처럼 '흡수선'이 보인다. 온갖 물질은 각각 특정 파장의 빛을 흡수하며, 흡수된 파장의 빛은 무지개에서 빠지므로 검은 흡수선이 생긴다. 이것이 물질의 '지문'이다. 마치 형사가 범죄 현장에 찍힌 지문을 통해 범인을 알아내듯이, 흡수선을 통해 행성의 대기를 구성하는 물질을 알 수 있다.

만약 행성의 대기에서 산소가 검출된다면 깜짝 놀랄 일이다. 왜냐면 산소는 매우 반응성이 큰 기체라서 금방 다른 물질과 결합해 사라져 버리기 때문이다. 지구 대기에 산소가 20퍼센트나 포함된 이유는 식물이 계속 산소를 공급하기 때문이다.

메테인이 검출되면 더욱더 흥미로울 것이다. 메테인은 금방 산소와 반응하여 이산화탄소와 물이 되어 버리기 때문이다. 지구에는 트림하면서 메테인을 배출하는 소가 있다. 메테인을 만드는 미생물도 있다. 인간의 산업 활동을 통해서도 메테인이 생성된다. 이것이 지구 대기에 미량이나마 메테인이 존재하는 이유다.

만약 외계 행성의 1픽셀짜리 빛에서 산소와 메테인이 검출된다면, '무언가'가 산소와 메테인을 계속 생성하고 있다는 뜻이다. 그 '무언가'는 생명일 가능성이 크다. 산소와 메테인처럼 생명의 존재를 시사하는 물질을 '생물학적 징후biosignature'라고 한다.

만약 먼 행성에서 생물학적 징후가 검출되면 어떨까? 아마 사람들은 그 세계가 어떤 모습인지 보고 싶어 하지 않을까? 1픽셀짜리 점이 아니라, 둥글고 푸른 행성을 영상으로 보고 싶을 것이다.

이를 실현하기 위해 거대한 망원경을 만들 수 있다. 물론 커다란 망원경을 직접 만들 필요는 없다. 지구와 달에 건설한 천문대와 수많은 우주망원경을 연계함으로써, 마치 거대한 망원경처럼 동작시킬 수 있다(이를 구경 합성aperture synthesis이라고 한다).

또 다른 재미있는 방법이 있다. 바로 태양의 중력렌즈를 사용하는 방법이다. 아인슈타인의 일반상대성이론에 따르면, 빛은 중력 때문에 휘어진다. 즉 중력이 큰 별을 렌즈처럼 이용할 수 있다. 이를 중력렌즈라고 한다. 태양을 중력렌즈로 이용하면 태양계 크기의 망원경을 만들어 외계 행성을 관측할 수 있다.

따라서 태양의 중력렌즈로 인해 빛이 모이는 장소, 다시 말해 초점에 해당하는 곳에 우주망원경을 띄우면 된다. 태양 중력렌즈의 초점은 대략 550천문단위 거리다. 이는 태양에서 명왕성까지의 평균 거리보다 14배나 멀다. 태양 코로나 등의 영향을 생각하면, 이론상 1000천문단위 정도 떨어진 곳까지 가야 한다. 이는 절망적으로 먼 거리처럼 보이지만, 단위를 바꿔서 표기하면 고작 0.015광년이다. 외계 행성까지 직접 우주선을 보내는 일에 비하면 무척 쉬운 일이라고 할 수 있다.

이곳에 우주망원경을 띄우면 여태까지 인류가 보지 못했던 우주의 깊은 곳을 들여다볼 수 있다. 외계 행성의 대륙 모양이 보일 것이다. 어쩌면 숲이 보일지도 모른다. 운하나 댐 등 인공물이 보일 수도 있다. 어둠 속에서 도시의 불빛을 찾아볼 수 있을

지도 모른다. 거대한 우주태양광발전소나 하늘 높이 뻗은 우주 엘리베이터도 보일지 모른다.[7]

우주로 보낸 인류 베스트 앨범

태양계 밖에 있는 별들의 '세계'로 향하는 배가 있었다. 이미 여러 차례 등장한 보이저 1호와 2호다. 천왕성과 해왕성에 가든 말든, 둘 다 언젠가는 태양의 중력에서 벗어나 영원히 성간 우주를 여행하는 궤도를 탈 예정이었다.

확률이 아주 낮기는 하지만, 어쩌면 보이저는 외계인과 마주칠지도 모른다. 그래서 보이저를 쏘아 올리기 9개월 전인 1976년 12월에 JPL은 칼 세이건에게 의뢰를 하나 했다. 바로 보이저 쌍둥이에 실을 '외계인에게 보내는 편지'를 작성해 달라는 부탁이었다.

외계인에게 보낼 편지에는 대체 무슨 내용을 적어야 할까? 물

7 이 환상적인 망원경에도 단점이 하나 있다. 바로 망원경을 기준으로 태양이 위치한 방향에 있는 것만 볼 수 있다는 점이다. 물론 망원경을 움직이면 되지만, 수백 천문단위나 되는 거리를 이동해야 한다. 따라서 보고 싶은 외계 행성 수만큼 망원경을 쏘아 올려야 할 것이다.

론 외계인은 태양계에 어떤 행성이 있고, 지구의 지름과 질량은 어느 정도나 되며, 대기의 조성은 어떻고, 어떤 생물이 살고 있으며, 유전 정보는 어떤 식으로 전달되는지 등의 과학적인 정보도 알고 싶어 할 것이다. 하지만 세이건은 이렇게 생각했다.

'만약 보이저가 외계 문명과 만난다면, 그 문명은 아마도 우리보다 훨씬 더 과학이 발전한 문명일 텐데, 과학적 정보뿐만 아니라 뭔가 우리의 독특한 점을 보여 줘야 하지 않을까?'

세이건은 이를 드레이크Frank Drake와 상의했다. 앞에서 언급한 '드레이크 방정식'을 만든 사람이다. 그러자 드레이크는 뜻밖의 아이디어를 냈다.

"음악 레코드판을 보내면 어때?"

독자 중에서는 레코드판을 모르는 사람도 있을 것이다. 오늘날에는 스마트폰, 아이팟, 인터넷 방송 등으로 음악을 듣기 때문이다. 나는 CD 세대다. 중학생 시절 미스터 칠드런이라는 록 밴드를 무척 좋아해서, 새 앨범이 나올 때마다 멋있는 케이스에 담긴 지름 15센티미터짜리 CD를 사곤 했다. 한 달에 용돈을 4000엔 받던 나에게 3000엔짜리 CD를 사는 일은 상당한 부담이었다.

내 부모님 세대는 CD가 아니라 레코드판으로 음악을 들었다.

레코드판은 CD보다 상당히 커서, 지름이 무려 17~30센티미터나 되는 원반이었다. 원반 표면에는 작은 홈이 나 있어서, 바늘이 홈을 훑으며 녹음된 음악을 재생하는 식이었다.

외계인은 인간의 문자를 읽을 수 없겠지만, 레코드판을 이용하면 소리를 직접 전할 수 있다. 음악도 넣을 수 있다. 그리하여 드레이크의 아이디어대로 LP라는 규격의 레코드판이 보이저에 실리게 되었다. 이를 '보이저 골든 레코드Voyager Golden Record'라고 불렀는데, 오랜 시간 우주를 여행하는 동안 레코드판에 열화가 일어나지 않도록 금도금을 했기 때문이다.

외계인에게 음악을 보낸다니, 정말로 근사한 아이디어다. 음악은 인류의 상상력과 창조성의 결정체다. 음악으로 인간의 미의식과 풍부한 감정을 직접 전할 수 있다. 말이나 방정식으로는 절대 표현할 수 없는 인류의 아주 독특한 면이 음악을 통해 전해질 것이다.

이 레코드판은 이른바 '인류 베스트 앨범'이다. 전 세계의 수많은 명곡 중 고작 27곡만 엄선하는 일은 대단히 어려운 작업이었을 것이다. 여러분이라면 어떤 곡을 뽑겠는가?

예를 들어 모차르트Wolfgang Amadeus Mozart의 「마술피리」와 베토

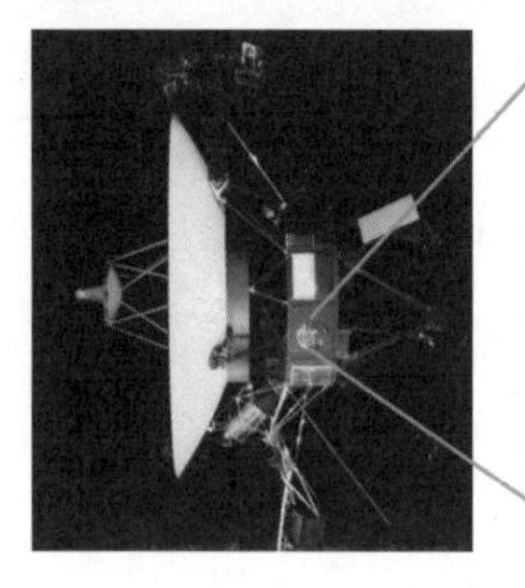

보이저에는 '외계인에게 보내는 편지'인 골든 레코드가 실렸다. 이는 '인류 베스트 앨범'이라고 할 수 있다. ©NASA/JPL-Caltech

골든 레코드 수록곡

1. 바흐, 「브란덴부르크 협주곡 제2번」(뮌헨 바흐 오케스트라 연주, 칼 리히터 지휘Karl Richter)
2. 인도네시아 자바섬, 「다채로운 꽃들Puspawarna」
3. 세네갈, 타악기 연주
4. 자이르, 「피그미 소녀들의 성년식 노래」
5. 오스트레일리아 원주민, 「샛별Morning Star」과 「사악한 새Devil Bird」
6. 로렌소 바르셀라타Lorenzo Barcelata, 「엘 카스카벨El Cascabe」
7. 척 베리, 「조니 비 굿」
8. 파푸아뉴기니, 「남자들의 집 노래」
9. 일본, 「소카쿠레이보」(야마구치 고로 연주)
10. 바흐, 「무반주 바이올린을 위한 소나타와 파르티타 제3번 가보트와 론도」(아르투르 그뤼미오Arthur Grumiaux 연주)
11. 모차르트, 오페라 〈마술피리〉 중 「지옥의 복수심이 내 마음에 끓어오르고」
12. 그루지야, 「차크룰로Tchakrulo」
13. 페루, 「팬파이프와 북Panpipes and drum」
14. 루이 암스트롱, 「멜랑콜리 블루스」
15. 아제르바이잔, 백파이프 연주
16. 스트라빈스키, 〈봄의 제전〉 중 「희생의 춤」(컬럼비아 심포니 오케스트라 연주, 스트라빈스키 지휘)
17. 바흐, 「평균율 클라비어곡집 제2권 제1곡 전주곡과 푸가 C장조」(글렌 굴드 연주)
18. 베토벤, 「교향곡 제5번 1악장」(필하모니아 관현악단 연주, 오토 클렘퍼러Otto Klemperer 지휘)
19. 불가리아, 「무법자 델요가 나왔네Izlel ye Delyo Haydutin」
20. 미국 나바호 원주민, 「밤의 송가Night Chant」
21. 앤서니 홀번Anthony Holborne, 「파반느, 갤리어드, 알르망드, 그 외 소곡들」
22. 솔로몬제도, 팬파이프 연주
23. 페루, 결혼식 음악
24. 백아伯牙, 「유수流水」(관핑후管平湖 연주)
25. 인도, 「자아트 카한 호Jaat Kahan Ho」
26. 블라인드 윌리 존슨Blind Willie Johnson, 「어두운 밤, 차가운 땅Dark Was the Night, Cold Was the Ground」
27. 베토벤, 「현악 사중주 제13번」(부다페스트 현악 사중주단 연주)

벤의 「운명」 첫 부분이 골든 레코드에 수록되었다. 스트라빈스키 Igor Fedorovich Stravinsky 본인이 지휘한 「봄의 제전」, 글렌 굴드Glenn Herbert Gould가 열정적으로 해석한 바흐Johann Sebastian Bach의 「평균율 클라비어곡집」, 루이 암스트롱Louis Armstrong이 트럼펫으로 구슬프게 연주한 「멜랑콜리 블루스Melancholy Blues」도 수록되었다.

물론 서양 음악만 실리지는 않았다. 27곡 중 14곡은 전 세계의 민족음악이다. 일본 민족음악으로는 인간국보인 야마구치 고로山口五郎가 샤쿠하치尺八[8]로 연주한 「소카쿠레이보巣鶴鈴慕」라는 곡이 실렸다.

앞쪽에 수록곡 목록을 실어 두었다. 혹시 인류 베스트 앨범에 반드시 들어가야 할 예술가가 아직 언급되지 않았다는 사실을 깨달았는가?

그렇다. 바로 비틀즈다. 사실 세이건은 비틀즈의 「히어 컴스 더 선Here comes the sun」을 실으려 했고, 비틀즈 멤버들도 이를 원했다고 한다. 하지만 레코드 회사가 승낙하지 않았기에 결국 실현되지 않았다. 대신 척 베리Chuck Berry의 「조니 비 굿Johnny B.

8 일본의 전통 관악기.(역자 주)

Goode」이 들어갔다.

골든 레코드에는 음악뿐만 아니라, 55개국의 인사말, 지구의 다양한 소리, 그리고 그림 116장도 함께 실렸다. 바람 소리와 천둥소리, 사막, 숲, 꽃, 나무, 귀뚜라미 우는 소리, 고래의 노래, 늑대가 우는 소리, 돌고래의 도약, 새가 나는 모습, 만찬 풍경, 리듬 체조 선수, 슈퍼마켓, 교통 체증, 집, 고층 빌딩, 열차와 비행기 소음, 가족사진, 신부의 춤, 키스, 아기의 울음소리와 이를 자상하게 달래는 어머니, 딸을 안으며 미소 짓는 아버지.

칼 세이건은 저서 『코스모스』에서 이렇게 말했다.

> 골든 레코드 수록곡 중 몇 가지는 우리의 우주적인 고독을 표현하고 있다. 우리의 고독을 끝내고 싶다는 소원, 우주에 있는 다른 존재와 만나고 싶다는 소망을 표현하고 있다. 그리고 생명이 태어난 날부터 인류의 탄생까지 우리 조상들이 들어 왔던 소리와, 급격하게 성장하고 있는 최신 기술에 관한 소리가 함께 실려 있다. 고래의 노래처럼, 이는 심원한 허공을 향해 부르는 사랑 노래다. 대부분의 내용은 이해하기 힘들 것이다. 하지만 시도 자체가 중요하다. 그래서 우리는 이를 우주로 보냈다.

2012년, 보이저 1호는 발사한 지 35년 만에 인공물로서는 사상 최초로 태양계의 경계선인 태양권계면Heliopause을 넘어, 성간 우주로 들어섰다. 2호도 몇 년 후면 태양권계면에 도달할 예정이다. 앞으로 더욱 긴 여정이 기다리고 있다. 대략 4만 년 후에야 다음 별에 '접근'할 수 있을 것이다. AC+79 3888이라는 별에서 약 1.6광년 떨어진 곳을 통과할 예정이다.[9]

언젠가 별들의 침묵은 깨질까?

외계 문명과는 어떻게 처음 만나게 될까? 영화처럼 UFO에서 외계인이 내려올까? 달에서 거대한 구조물이 발견될까? 아니면 어느 날 갑자기 외계인의 베스트 앨범이 실린 탐사선이 지구에 떨어질까?

외계 지적 생명체 탐사, 세티 프로젝트에 참여하고 있는 과학자들은 아마 전파를 통해 외계인과 처음 만날 것으로 예상한다. 전파는 빛의 속도로 더 먼 곳까지 날아갈 수 있는 데다, 직접 우

9 2018년 12월 5일경 보이저 2호 역시 41년 만에 태양권계면을 넘어 성간 우주로 진입했음을 나사에서 발표했다.(역자 주)

주선을 만들어 보내는 것보다 훨씬 싸기 때문이다.

외계인이 보낸 전파를 찾는 데 평생을 바친 사람도 있다. 이미 여러 번 등장한, 드레이크 방정식을 고안한 프랭크 드레이크다.

나는 드레이크와 만난 적이 두 번 있다. 드레이크 방정식을 고안할 당시 젊고 열정적인 서른한 살의 연구원이었던 드레이크는 어느덧 여든네 살이 되어 있었다. 나이에 걸맞게 백발이 성성하고 얼굴에 주름이 가득했지만, 아직 거동이 불편하지는 않아 보였다. 명석한 두뇌와 호기심 넘치는 영혼도 전혀 쇠하지 않은 모양이었다. 하지만 그의 눈빛에서 모든 초목이 다 말라 버린 겨울 들판에 홀로 남겨진 야자나무 같은 쓸쓸함이 느껴졌다.

드레이크는 계속 외계인의 신호를 찾아 왔다. 모든 경력을 바쳐 가며 반세기 이상 찾아 헤맸지만 결국 찾지 못했다. 사실 드레이크가 가장 고심한 부분은 외계인이 보낸 전파를 찾는 일이 아니라 자금을 구할 방법이었을 것이다. 세티는 항상 자금난에 허덕였기 때문이다.

드레이크는 1960년에 최초의 세티 프로젝트인 오즈마 계획 Project Ozma을 추진했다. 지름이 26미터나 되는 안테나의 방향을 은하에 존재하는 천억 개 별 중 단 두 곳을 향해 맞추어 2주 동안 관측했다. 아무것도 들리지 않았다. 사실 이는 복권을 두 장 샀지만 당첨되지 못한 경우나 마찬가지라서, 드레이크도 딱히 큰 기대를 걸지는 않았을 것이다. 하지만 이 상징적인 프로젝트는 수많은 사람에게 영감을 주었다.

이후로 드레이크를 포함한 전 세계 천문학자가 세티 프로젝트를 기획하여 안테나 방향을 별에 맞췄다. 당시 아폴로계획이 성공한 덕분에 우주에 대한 희망이 가득했고, 게다가 달 이외의 천체에 관해서는 아무것도 모르는 상황이었기에 『2001 스페이스 오디세이』와 같은 낙관적인 미래관이 널리 퍼져 있었다. 정부에서도 지금보다는 더 관용적으로 연구 자금을 지원해 주는 편이었다. 초기 세티 프로젝트는 대체로 국가에서 연구 자금을 받아서 진행되었다.

외계 행성이 발견된 것은 이보다 한참 뒤의 일이었다. 당시에는 수많은 항성 중 어느 것이 생명체가 살 수 있는 행성을 지니고 있는지 알아볼 방법이 없었고, 애초에 은하에 행성이 얼마나 있는지도 몰랐다. 무엇을 노려야 할지 알 수 없으니, 유일한 방법은 '복권'을 많이 사는 것뿐이었다. 자연히 넓고 얕은 방식으로 탐사할 수밖에 없다. 이를테면 1980년대에 진행되었던, 규모가 가장 큰 세티 프로젝트인 메타 계획Project META 마저도 항성 하나당 2분씩 매우 한정된 주파수에 귀를 기울였을 뿐이다.

이를 통해 외계인이 보낸 것으로 의심되는 수많은 신호가 발견되었다. 가장 유명한 사례는 1977년에 수신된 '와우! 신호Wow! signal'다. 은하 중심에서 72초 동안 좁은 주파수대의 매우 강력한 전파가 날아온 것이다. 종이에 찍힌 신호를 본 천문학자가 무심코 "와우!"라고 외쳤기에, '와우! 신호'라고 불리게 되었다. 하지만 '와우! 신호'를 비롯한 여러 의심스러운 신호는 모두 재현성이 없었다. 같은 방향에 같은 주파수로 안테나를 맞추어도, 단 한 번도 똑같은 신호를 다시 수신하지 못했다. 검증할 수 없는 이상 '발견'이라고 할 수 없었다.

커다란 우주에 비해 인간의 인내심은 몹시 적었다. 아무리 기다려도 성과가 나오지 않자 정부는 연구 자금 지원에 난색을 보이기 시작했다. 과학적으로 보면 '발견하지 못한 것' 또한 성과이기는 하다. 외계 문명이 존재할 확률의 상한을 알 수 있기 때문이다. 하지만 정치가와 납세자 들은 과학에 알기 쉬운 '뉴스'를 기대하는 경향이 있다. 1992년 이후로 미국 연방정부는 세티 관련 연구비를 1센트도 지원하지 않았다.

그래도 드레이크는 계속 자금을 모아 끊임없이 시도했다. 그는 정부에 희망이 없다는 사실을 깨닫자 후원자를 모집했다. 2003년에는 마이크로소프트의 공동 창업자인 폴 앨런Paul Gardner Allen에게서 2500만 달러(약 280억 원)를 기부받아, 캘리포니아 사막에 합성 개구 안테나 42대로 이루어진 앨런 망원경 집합체Allen Telescope Array, ATA를 건설했다. 하지만 이후로 기부금이 잘 모이지 않아서 원래 계획했던 안테나 350대 건설은 이루지 못했으며, 2011년에는 운영 자금 부족으로 이 집합체를 일시적으로 폐쇄하기까지 했다. 여든 살이 된 드레이크가 열심히 뛰어다니며 자금을 모은 결과, 8개월 만에 간신히 재개할 수 있었다.

자금이 부족했던 탓에 오히려 독창적인 아이디어가 나오기도 했다. 예를 들어 1999년에는 아직 여명기에 있던 인터넷을 사용한 '세티앳홈SETI@home'이라는 프로젝트가 시작되었다. 왜 인터넷이었을까? 세티에는 전파를 모으는 안테나 말고도 필요한 것이 있다. 바로 컴퓨터다. 사실 데이터는 항상 얼마든지 있었다. 세티 이외의 용도로도 수많은 전파망원경이 매일 전파를 모으고 있기 때문이다. 해석되지 않은 채 디스크에서 잠자고 있는 데이터는 산더미처럼 많았다. 여기에 외계인이 보낸 신호가 숨어 있을지도 모를 일이었다. 하지만 데이터를 해석하는 데 필요한 슈퍼컴퓨터를 살 돈은 없었다.

그는 인터넷상에 잠들어 있는 계산 자원에 눈을 돌렸다. 당시 일반 가정에 있는 수천만 대나 되는 컴퓨터가 항상 인터넷에 연결되어 있었지만, 하루 중 실제로 컴퓨터를 쓰는 시간은 얼마 되지 않았다. 그렇다면 이 남는 시간을 이용해서 데이터를 해석하면 되지 않을까? 바로 이런 아이디어를 바탕으로 세티앳홈이 만들어졌다. 무료 해석 소프트웨어를 컴퓨터에 깔기만 하면 누구나 참여할 수 있었다. 소프트웨어는 자동으로 데이터를 내려받아 빈 시간을 이용해 외계 문명이 보낸 신호를 찾았다.

세티앳홈에 참여한다고 딱히 보상을 받지는 않는다. 하지만 어쩌면 내 컴퓨터가 역사적 발견을 이루어 낼 수도 있다는 흥분 때문인지 세티앳홈은 순식간에 퍼졌다. 현재까지 500만 명 이상이 참여했고 총 계산 시간은 200만 년에 이른다. 세계 최대의 분산 컴퓨팅 프로젝트이며, 2008년에는 기네스 세계기록에도 올랐다. 다만 이런 노력에도 불구하고 아직 전체 데이터의 2퍼센트만 해석한 상태다.

2015년에는 드레이크와 마시 등이 런던에 모여서 어떤 사실을 발표했다. 이는 억만장자이자 투자가인 러시아계 미국인 유리 밀너Yuri Borisovich Milner가 세티에 1억 달러(약 1116억 원)를 기부한다는 내용이었다. 브레이크스루 리슨Breakthrough Listen이라고 알려진 이 프로젝트에서는, 드레이크가 젊은 시절에 사용한 그린뱅크 전파망원경Green Bank Telescope 등을 이용하여 10년 동안 사상 최대 규모의 세티를 진행할 예정이다.

외계인과의 조우에 관한 상상력은 전염성이 무척 강하다. 예를 들어 정부에서 연구비 지원을 끊는다고 해도, 이 상상력은 인터넷으로 연결된 수백만 명과 억만장자의 마음속에 숨어들어 계속 세티를 지원하고 있다.

드레이크는 분명 자신이 살아 있는 동안에 외계인과 접촉하고 싶을 것이다. 아쉽게도 이는 이루어지지 못할 수도 있다. 우주적 관점에서 사람의 평생이란 곧 순간적으로 깜박이는 반딧불과 같다. 이 나이 든 천문학자의 인생을 건 노력에도 불구하고 별들은 무정하게도 계속 침묵하고 있다.

언젠가 별들의 침묵이 깨질 날이 올까?

왜 외계인은 메시지를 보내지 않는 것일까?

좋아하는 사람에게 문자 메시지를 보냈는데 답장이 오지 않으면, 당신은 1분마다 휴대전화를 확인하며 계속 이유를 생각할 것이다. 생각하고 또 생각해도 여전히 답장은 오지 않는다. 인류는 지금도 계속 생각하고 있다. 아직 메시지가 오지 않는 이유를 말이다.

어쩌면 외계인은 전파가 아닌 다른 방법으로 통신하는지도 모른다. 이를테면 중력파나 양자 순간이동을 이용하는지도 모르고, 인류가 아직 모르는 물리법칙을 이용하는지도 모른다. 설사 전파를 사용한다 해도, 섀넌Claude Elwood Shannon의 정보이론에 따르면 대단히 압축된 정보는 압축 방법을 모르는 한 잡신호와 구별할 수 없다. 어쩌면 우리는 외계인의 TV 방송과 휴대전화 전파를 뻔히 보면서도 놓치고 있는지도 모른다. 하지만 어른이 두 살배기 아이와 이야기를 나눌 때 어려운 말을 쓰지 않듯이, 만약 외계인이 지구인과 소통하기를 원한다면 우리의 원시적인 기술 수준에 맞춰서 메시지를 보내지 않을까?

어쩌면 그저 우리가 신호를 놓친 것뿐인지도 모른다. 외계인이 여러 번 지구에 전파를 보냈지만, 해당 주파수를 감시하지 않았을 뿐인지도 모른다. 국회의원들이 세티 예산을 깎자고 논의하던 그 순간에도 외계인이 보낸 전파는 의사당 내부를 지나가고 있었는지도 모른다.

어쩌면 마시와 버틀러가 데이터 속에 파묻혀 있던 뜨거운 목성의 증거를 놓쳤듯이, 이미 외계인 전파를 수신했는데도 이를 알아차리지 못했을 뿐인지도 모른다. 인류가 사소한 상식에 얽매여 있어서, 데이터 속에 파묻힌 메시지를 알아차리지 못한 것뿐인지도 모른다. 아니면 신호를 보내는 외계인 또한 그들의 상식에 사로잡혀 있어서, 아주 특이한 방식으로 우리에게 신호를 보내고 있는지도 모른다.

어쩌면 우주에 존재하는 문명은 모두 내성적이라서 외부에 신호를 보내지 않을 수도 있다. 외계인들은 그저 생활, 오락, 연예인의 사생활, 국가 간 분쟁에만 관심이 있어서 다른 별과 연락할 생각이 없을 수도 있다. 외계인의 기술은 우리보다 훨씬 더 뛰어날 수도 있다. 하지만 오로지 가상현실 게임으로 돈 벌기, 식품 합성 장치에 새로운 맛 추가하기, 소비자에게 상품을 사도록 부추기는 가정용 인공지능 만들기, 피부색이 서로 다른 종족끼리 전쟁을 벌이기 위한 무기 개발하기 등에만 정신이 팔려 있는데다가, 대체 뭐가 유용한지 알 수 없는 세티와 우주탐사 등에 혈세를 낭비하면 비난을 면치 못할 수도 있다.

어쩌면 지구를 몹시 위험하게 볼 수도 있다. 피비린내 나는 전쟁을 수천 년에 걸쳐 반복하고 있는, 은하에서 가장 야만스러운 종족이 정복욕을 제어하지 못한 채 빠르게 기술을 발전시키고 있는 모습을 전전긍긍하면서 지켜보고 있는지도 모른다. 어쩌면 자신들의 행성으로 지구인이 몰려와서 식민지로 만들어 버리지 않을지 염려하고 있는지도 모른다. 마치 육식동물이 어슬렁대는 사바나의 수풀 속에서 숨죽이고 있는 토끼처럼, 절대 지구 방향으로는 전파를 쏘지 않도록 조심하고 있는지도 모른다. 실수로 '와우! 신호'를 보내 버린 외계인은 크게 혼이 났는지도 모른다.

어쩌면 그저 지구가 너무 평범하기 때문일 수도 있다. 은하에 수없이 존재하는, 생명이 사는 세계 중에서 지구는 아무런 특징도 없는 재미없는 세계일 수도 있다. 코미디 과학소설 『은하수를 여행하는 히치하이커를 위한 안내서』를 보면, 지구에 관해서는 '거의 무해함'이라고밖에 쓰여 있지 않았다는 웃긴 장면이 있다. 지구는 파리나 교토나 메카나 그랜드캐니언이 아니라, 100년 이상 여행자가 오지 않은 이름 없는 마을 같은 곳이라고 생각할 수도 있다. 여행 사진을 자랑하기를 좋아하는 외계인 여행자도, 새로운 발견을 원하는 외계인 과학자도 관심을 가지지 않을 만한 행성이 바로 지구인지도 모른다.

어쩌면 지구 문명이 너무나 원시적인 나머지, 보호 대상으로 지정되었는지도 모른다. 오늘날에도 아마존이나 뉴기니의 정글에는 '미접촉 부족'이 백여 개 존재한다고 한다. 미접촉 부족이란 문명을 접해 본 적이 없어서 원시시대와 같은 생활을 하는 부족이다. 정부는 미접촉 부족의 귀중한 문화를 보호하기 위해 이들에게 간섭하지 않는다. 지구는 은하 유네스코의 '보호 대상 문명 목록'에 등록되어 있어서, 외계인이 간섭하지 못하는 것인지도 모른다. 지구인에게 목격당한 UFO 조종사는 벌금을 물어야 했는지도 모른다.

그것도 아니라면 모든 복권이 다 꽝일 수도 있다. 천억 개 별들이 반짝이는 은하에, 문명은 오직 지구에만 존재할 수도 있다. 우리는 정말로 고독한지도 모른다.

1906년의 크리스마스캐럴

어쩌면 우리는 생각이 너무 많은지도 모른다. 좋아하는 사람에게 답장이 오지 않아서 끙끙대고 있을 때, 종종 생각이 너무 복잡해지기도 하고 지나치게 낙관적이거나 비관적인 상상을 하기도 한다. 하지만 진실이란 대체로 단순한 법이다.

그럼 가장 간단한 가설은 무엇일까? 바로 우리가 너무 마음이 급했을 뿐이라는 가설이다. 예를 들어 누군가에게 이메일을 보냈다고 해 보자. 인터넷을 통해 이메일이 상대방에게 전달될 때까지 아마 0.1초 정도 걸릴 것이다. 그렇다면 설사 자동 응답 기능이 있다고 해도, 답장이 오려면 0.2초는 걸릴 것이다. 어쩌면 우리는 단 0.2초도 기다리지 않고서 '아직 답장이 안 오잖아' 하며 끙끙대고 있는 것은 아닐까?

영화로도 만들어진 칼 세이건의 소설 『콘택트』에 나오듯이 만약 외계인이 지구에 문명이 있다는 사실을 깨닫는다면, 아마도 라디오와 TV 전파 때문일 것이다. 왜냐면 라디오와 TV 전파는 인류가 최초로 만들어 낸 강하고 지속적인 전파이기 때문이다. 도쿄타워 등의 전파 탑에서는 사방으로 전파를 쏘고 있기 때문에 이 중 일부는 우주로도 나간다. 이는 인류가 우주를 향해 빛의 속도로 보낸 이메일과 같다.

인류는 1906년 크리스마스 전날에 최초로 라디오 방송을 했다. 미국 매사추세츠주에서 한 방송으로, 내용은 성서 낭독과 크리스마스캐럴이었다. 이때의 전파는 2017년 현재, 지구에서 111광년 거리를 날아가고 있다. 만약 지구에서 100광년 떨어진 곳에 외계 문명이 있어서, 1906년에 방송된 크리스마스캐럴을 들었다고 해 보자. 그들이 바로 답장을 보내기 위해 지구로 전파를 쐈다 하더라도, 이 전파는 현재 출발지에서 11광년 거리에 있을 것이다. 즉, 지구에 도달하려면 앞으로 89년이 더 걸린다.

2017년까지 지구에 답장이 도착하려면, 외계 문명은 지구에서 55광년 이내에 존재해야 한다. 이 범위에 존재하는 별 수는 고작 1500개다. 1500개면 은하에 존재하는 별 중 1억분의 1밖에 되지 않는다. 아직 지구에 답장이 오지 않은 이유는 어쩌면 그저 55광년 이내에는 외계 문명이 없기 때문인지도 모른다.

대체 얼마나 기다려야 답장이 올까? 1906년의 크리스마스캐럴은 지금 이 순간에도 빛의 속도로 우주를 날아가고 있다. 어쩌면 답장은 내일 올지도 모른다. 내년일지도 모른다. 혹은 100년,

1000년, 1만 년을 기다려야 할지도 모른다.

흥미롭게도 기다린 시간의 세제곱에 비례해서 답장을 보낼 가능성이 있는 별 수가 늘어난다. 즉 2배 더 기다리면 8배, 3배 더 기다리면 27배, 10배 더 기다리면 1000배 많은 별로 전파가 퍼져 나간다는 뜻이다. 사실 무척 단순한 원리다. 지구에서 쏘아 보낸 전파가 도달하는 범위는 구 모양이며, 마치 풍선이 부풀듯이 빛의 속도로 넓어진다. 이 구의 부피는 반지름의 세제곱에 비례한다. 따라서 지구 근처에 존재하는 별의 밀도가 일정하다면, 구 안에 있는 별의 수도 반지름의 세제곱에 비례한다.

아직 인류는 100년밖에 기다리지 않았다. 따라서 아직 구 안에는 별이 1500개뿐이다. 100년 더 기다리면 범위 안에 있는 별의 수가 약 1만 개로 늘어날 것이다. 서력 2300년에는 10만 개, 2800년까지 기다리면 100만 개가 된다. 어쩌면 개중에는 1906년의 크리스마스캐럴에 관심을 보이는 문명도 있지 않을까?

물론 지구는 끊임없이 라디오와 TV 방송 전파를 내보내고 있기에, 크리스마스캐럴에 이어서 다른 전파들도 우주 어딘가로 도달할 것이다. 지구의 풍경, 거리의 모습, 사람들의 삶, 과학 방송, 요리 방송, 뉴스, 드라마, 포르노, 폭력물, 이념 선전, 프로야구

중계, 왕족의 결혼식, 아폴로 11호의 달 착륙 영상 등을 통해 인류 문명의 밝은 면과 어두운 면을 모두 알 수 있을 것이다. 괴수 영화나 괴물이 등장하는 애니메이션 때문에 지구 생태계를 오해할지도 모르고, 지구의 코미디 방송을 이해하지 못해서 외계인 문화인류학자가 고민에 빠질지도 모른다.

우리는 그들과 접촉할 수 있을까? 이는 인류가 얼마나 기다릴 수 있느냐에 달려 있다. 여기서 '기다릴 수 있느냐'는 말이 의미하는 바는 무엇일까? 이는 외계인과 접촉할 때까지 인류가 멸망하지 않을 수 있는지를 말한다.

그럼 인류는 얼마나 기다릴 수 있을까?

인류와 지구가 멸망해도 남는 것

영화에서는 지구가 소행성이나 혜성과 충돌하면서 인류가 멸망하곤 한다. 지름이 10킬로미터에서 15킬로미터나 되는 소행성이 지구와 충돌해서 공룡이 멸종했다는 학설도 있다.

하지만 향후 100년에서 1000년 정도 기간으로 한정하면, 이는 무척 확률이 낮은 일이다. 100년 이내로 지름이 5킬로미터 이

상인 소행성이 지구와 충돌할 확률은 0.005퍼센트(20만분의 1) 정도다. 1000년 이내면 2만분의 1이다.

외계인이 지구로 쳐들어와서 인류가 위기에 빠지는 내용인 영화도 많다. 그럴 가능성은 더욱더 낮다. 앞에서도 언급했듯이, 만약 외계 문명이 존재한다면 우리보다 몇만 년 전에 생겨났을 가능성이 크다. 그들이 다른 행성을 침략하기를 좋아하는 탐욕스러운 외계인이라고 가정하고 한번 그들의 처지에서 생각해 보자. 그들은 눈에 불을 켜고 침략할 만한 행성을 찾고 있을 것이다. 생명체가 살 수 있는 행성을 찾는 일은 오늘날 인류도 할 수 있는 일이니, 그들은 인류 문명이 생겨나기 전부터 지구를 알고 있었을 것이다. 그렇다면 지구에서 지하자원을 탕진하고 핵무기를 만드는 종족이 나타날 때까지 그들이 굳이 침략을 미룰 이유가 있을까? 지구는 40억 년 동안이나 무방비 상태였다. 40억 년 동안이나 일어나지 않았던 현상이 향후 100년 사이에 우연히 발생할 확률은 4000만분의 1이다. 이는 비행기가 추락할 확률보다 훨씬 작다. 게다가 현재도 은하에는 무방비하고 개발되지 않았고 생명체가 살 수 있는 행성이 산더미처럼 많을 것이다. 지구인이 전파를 통해 자신의 존재를 드러내기 시작한 지금, 외계인이 침략 대상으로 지구를 선택할 확률은 더욱 낮아졌을 것이다.

만약 인류 문명이 향후 100년에서 1000년이라는 짧은 기간 내에 멸망하거나 대폭 후퇴한다면, 가장 유력한 원인은 바로 인류 자신일 것이다.

예를 들어 지구온난화가 현재와 같은 속도로 진행된다면, 100년 후에는 커다란 위협이 될 것이라고 과학자들은 입을 모아 경고한다. 2014년에 기후변화에 관한 정부 간 협의체Intergovernmental Panel on Climate Change, IPCC가 정리한 제5차 평가 보고서에 따르면, 추가 대책을 시행하지 않으면 2100년에는 지구 평균기온이 1850년부터 1900년까지의 평균에 비해 섭씨 3.7~4.8도 상승할 것이라고 한다. 그러면 대규모 멸종과 식량 위기 때문에 인류 활동이 대폭 제한될 것이라는 경고도 담겼다.

핵무기도 커다란 위협이다. 미국과 러시아는 '상호확증파괴', 즉 상대방을 완전히 파괴할 수 있을 만큼 핵무기를 보유하고 있다. 그리고 핵무기 감축은 매우 더디게 진행되고 있다. 이 책을 쓰는 동안에도 북한이 핵실험과 미사일 실험을 반복하여 긴장감이 고조되고 있으며, 해결책은 보이지 않는다. 향후 1년 내로 핵전쟁이 일어날 확률은 얼마나 될까? 1퍼센트라고 예상하면 너무

클까? 아니면 너무 작을까? 나는 국제정치 전문가가 아니므로, 일단 그냥 1퍼센트라고 해 보자. 그리고 이 확률은 계속 일정하다고 가정해 보겠다. 그러면 향후 100년 내로 핵전쟁이 일어날 확률은 64퍼센트, 300년이면 95퍼센트, 1000년이면 99.995퍼센트가 된다.

인류의 에너지 소비량이 계속 늘고 있다는 사실도 문제다. 태양에너지 등 재생 가능 에너지를 사용하면 해결된다고 생각할지도 모르지만, 장기적으로 보면 그렇지 않다.

1965년부터 2015년까지, 전 세계 에너지 소비량은 매년 평균 2.4퍼센트씩 증가했다. 2000년 이후로 한정해도 매년 2.2퍼센트씩 늘어나고 있다.[10] 그럼 만약 에너지 소비량이 이대로 매년 2.2퍼센트씩 계속 늘면 어떻게 될까?[11]

설사 지구상의 모든 육지, 다시 말해 거리와 숲과 사막 등 모든 땅을 효율이 20퍼센트인 태양전지로 뒤덮는다고 해도, 인류

10 2016년 BP가 발표한 세계 에너지 통계 보고서Statistical Review of World Energy를 참고했다.

11 이후 수치는 2011년에 캘리포니아 대학 샌디에이고 캠퍼스의 톰 머피Tom Murphy 교수가 한 계산을 약간 수정한 것이다.

의 에너지 소비량이 매년 2.2퍼센트씩 오르다 보면 약 300년 후에는 부족해질 것이다. 효율이 100퍼센트인 가상의 태양전지로 바다까지 전부 다 뒤덮어도 고작 75년 더 버틸 수 있을 뿐이다. 즉, 재생 가능 에너지로 전환하는 것은 일시적인 해결책일 뿐이다. 장기적으로 봤을 때, 에너지 소비량이 늘어나는 일을 막지 못하면 인류 문명은 언젠가 반드시 궁지에 몰릴 것이다.

핵융합이나 우주태양광발전소를 이용하면 되지 않느냐는 의견도 있겠지만, 다른 문제가 있다. 사용한 에너지는 반드시 열로 배출된다는 사실이다. 따라서 약 500년 후에는 지표 온도가 섭씨 100도에 달할 것이다.

물론 그때쯤 인류는 태양계 곳곳에 퍼져 나가 있을 것이다. 그래도 매년 2.2퍼센트씩 에너지 소비량이 늘어 가면, 약 1400년 후에는 태양이 방출하는 모든 에너지를 사용할 정도가 된다. 과학소설에 종종 등장하는, 태양을 완전히 둘러싸서 모든 에너지를 이용할 수 있는 가상의 구조물 '다이슨구Dyson sphere'를 이용하더라도 불과 1400년 만에 인류는 태양의 모든 에너지를 다 소모한다는 뜻이다.

게다가 에너지 소비량이 그대로 계속 늘어난다면, 약 2500년 후에는 은하에 존재하는 모든 별의 에너지가 필요해질 것이다. 천억 개나 되는 다이슨구가 천억 개의 별을 에워싸 버리고, 은하에서 빛이 사라질 것이다.

2500년 내로 은하에 있는 모든 별에 다이슨구를 건설하는 것은 당연히 불가능하다. 왜냐면 은하의 지름은 10만 광년이나 되기 때문이다. 그리고 만약 에너지 소비량이 매년 2.2퍼센트씩 2500년 동안 증가한 외계 문명이 존재했다면, 지금쯤 태양도 외계인이 만든 다이슨구 안에 들어가 있을 것이다. 오늘도 멀쩡하게 해가 뜨는 이상, 우주에 존재하는 문명은 다음 두 종류밖에 없을 것이다. 첫 번째는 에너지 소비량 증가를 억제하며 수천 년에 걸쳐 존재하는 문명이다. 두 번째는 그 전에 멸망하고 마는 문명이다.

이것이 우주의 절묘한 자기 조절 능력인지도 모른다. 스스로 멸망할 정도로 어리석거나 호전적인 문명은 다른 문명과 접촉하기 전에 자멸해 버리기에, 우주의 안정이 유지되고 있는지도 모른다. 어쩌면 이런 이유로 여태까지 아무도 지구를 침략하지 않은 것인지도 모르고, 앞으로도 걱정할 필요가 없을지도 모른다.

똑같은 논리로 외계인이 보낸 신호를 찾아볼 수 없는 이유도 설명할 수 있다. 밤하늘에 별똥별이 동시에 두 개 보이는 일이 몹시 드문 것처럼, 우주에 문명이 생겨나도 금방 자멸해 버리기에 은하에 문명 두 개가 동시에 존재하는 일이 몹시 드물지도 모른다. 어쩌면 은하계는 멸망한 문명의 잔해로 가득할 수도 있다.

인류가 멸망한 후의 지구가 어떨지 상상해 보자. 원자력발전소 사고가 일어난 후쿠시마와 체르노빌의 피난 구역처럼 시가지는 식물로 뒤덮이고, 논밭은 다시 숲이 될 것이며, 살아남은 동물은 인간의 억압 없이 번식하여 늘어날 것이다. 지폐도 계약서도 육법전서도 의미를 잃고, 집도 탑도 절도 빌딩도 무너지며, 승전기념비는 닳아 버리고, 나와 여러분의 무덤도 폐허가 되며, 하드디스크와 플래시메모리는 망가지고, 책은 으스러지고, 그림은 색이 바래며, 사진은 부식하고, 악보는 타 버리며, 결국 인류 문명이 1만 년에 걸쳐 쌓아 올린 모든 것은 우주에서 사라져 버릴 것이다.

아니, 정확히 말하면 인류와 지구마저 멸망해도 남는 것이 두 개 있다. 바로 보이저 1호와 2호가 들고 있는 골든 레코드다. 성간 우주에서는 열화 속도가 매우 느리므로, 골든 레코드는 수십억 년 동안 기록을 유지할 수 있을 것이다. 이는 인류의 마지막

기록이 될지도 모른다. 인류, 지구, 태양마저 사라진 후에도 보이저는 누구와 만나는 일 없이 외롭게 날아갈 것이다.

골든 레코드에는 다음과 같은 인사가 라자스탄어로 수록되어 있다.

"여러분 안녕하세요. 우리는 이곳에서 행복하니, 여러분도 그곳에서 행복하길."

은하가 인터넷으로 연결되어 있다면?

멸망이 인류의 피할 수 없는 운명은 아니다. 인류는 현명해질 수 있다. 인류에게는 미래를 바꿀 힘이 있다. 나는 그렇게 믿는다.

만약 더 늦기 전에 세계 각국이 경제 성장뿐만 아니라, 인류 전체의 이익을 위해 손을 맞잡을 수 있다면……. 만약 정치가가 내년 선거가 아니라 100년, 1000년 후의 번영을 고민할 수 있다면……. 만약 기업이 주가 상승뿐만 아니라 인류 문명에 대한 책임을 자각할 수 있다면……. 만약 소비자가 자신의 물질적 풍요만이 아니라, 자신이 지구 반대편에 사는 이들에게 끼칠 영향을 생각할 수 있다면…….

인류는 기다릴 수 있을 것이다. 그리고 100년에서 1000년 사이에 반드시 그날은 올 것이다. 바로 외계 문명이 보낸 메시지를 인류가 수신하는 날 말이다.

외계인이 보낸 메시지에는 무슨 내용이 담겨 있을까?

칼 세이건의 과학소설 『콘택트』에는 어떤 기계를 만드는 방법이 나와 있다. 『2001 스페이스 오디세이』에서는 거대한 구조물이 말없이 인류를 다음 단계로 인도했다.

이런 외계인의 메시지는 무슨 내용이었을까? 물론 알 방법은 없다. 그래서 우리는 완전히 자유롭게 상상할 수 있다. 당신은 무엇이 쓰여 있을 거라고 생각하는가?

나는 이렇게 상상해 봤다. 어쩌면 '은하 인터넷'에 접속하는 방법이 쓰여 있지는 않을까?

은하 인터넷이란 그저 내가 상상해 낸 개념일 뿐이지만, 전혀 근거 없는 소리도 아니다. 앞에서 우리는 태양에서 1000천문단위 정도 떨어진 '태양 중력렌즈의 초점'에 우주망원경을 띄우면, 외계 행성의 대륙과 거리를 볼 수 있을 것이라는 내용을 살펴봤다.

만약 우주망원경 대신 중계 위성을 띄우면, 이는 태양계 전체를 안테나로 삼을 수 있다. 외계인도 자신들의 태양 중력렌즈 초점에 중계 위성을 설치하면 수백, 수천, 어쩌면 수만 광년 떨어진 문명과 대용량 통신을 할 수 있을 것이다. 즉 은하 규모의 브로드밴드[12]다.

어쩌면 은하에 흩어져 있는 수많은 문명은 각각의 태양 중력 렌즈를 이용한 광대역 망으로 연결되어 있는지도 모른다. 각 문명은 자신과 가까운 문명 몇 군데와 연결되어 있고, 각각이 라우터[13] 기능을 할 수 있다면, 인터넷처럼 은하 끝에서 보낸 정보를 네트워크를 통해 다른 쪽 끝으로 보낼 수 있을 것이다. 이 은하 인터넷을 이용하여 각 문명은 우수한 과학 지식, 기술, 문화, 예술, 아름다운 풍경 사진, 음악 등을 수만 광년을 뛰어넘어 주고받고 있는지도 모른다.

물론 빛의 속도는 유한하므로, 지름이 10만 광년인 은하 반대쪽으로 편지를 보낸 다음 답장을 받기까지 총 20만 년이 걸릴 것이다. 성숙한 문명은 오래 기다릴 줄 알아야 한다. 다만, 굳이 답장을 기다릴 것 없이 모든 문명이 모든 지식을 네트워크에 올려

12 통신, 방송, 인터넷 따위를 결합한 디지털 통신 기술.(역자 주)

13 서로 다른 두 개 이상의 컴퓨터 네트워크 사이에서 데이터를 중계하는 통신 기기.(역자 주)

버리면 될지도 모른다. 몇 광년 거리에 있는 가까운 서버에 은하의 모든 지식이 다 저장되어 있을지도 모른다.

또한 은하 중심에 있는 거대한 블랙홀을 중력렌즈로 이용하면 다른 은하와 통신할 수 있을지도 모른다. 이는 마치 해저케이블처럼 은하와 은하 사이를 잇는 기능을 할 것이다.

이 네트워크를 통해 은하와 우주에 산재하는 여러 문명이 모여 거대한 공동체를 형성하고 있을 것이다. 이들은 때로는 대립하기도 하겠지만, 대부분은 협력하며 우주 차원의 문제를 해결해 나가고 있을 것이다. 우주 변방의 미개척지를 함께 탐사하며, 새로운 문명을 찾고 있을지도 모른다. 소행성과 충돌하지 않기 위한 기술을 서로 제공한다거나, 감마선 폭발 때문에 위기에 처한 문명을 도와주고 있을지도 모른다. 곧 초신성 폭발에 휘말릴 행성을 다른 곳으로 옮겨 주고 있을지도 모르고, 1조에서 100조 년 후에 닥칠 우주의 열죽음heat death[14]을 막기 위한 대형 프로젝트를 진행하고 있을지도 모른다.

새로운 문명이 은하 인터넷에 가입하려면 '심사'를 거쳐야 할

14 우주의 엔트로피가 최대가 된 상태.(역자 주)

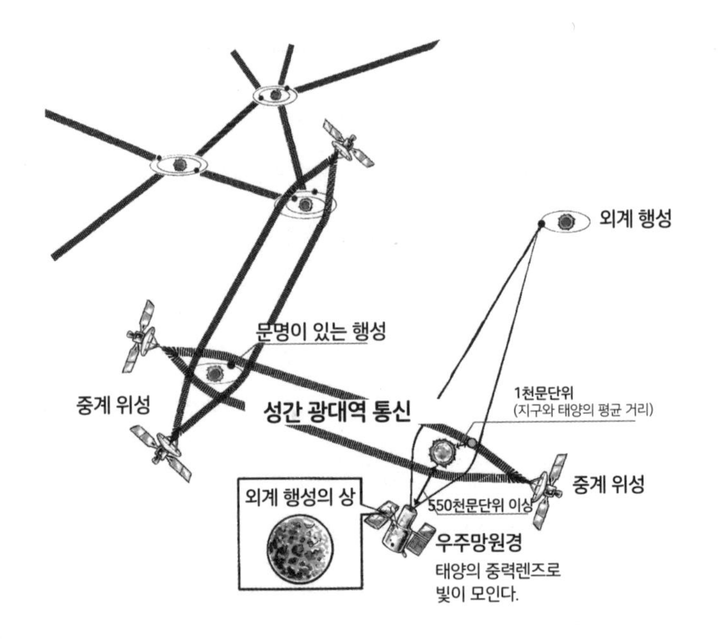

〈그림 10〉 은하 인터넷

지도 모른다. 자멸할 정도로 어리석은 문명이나, 은하를 죄다 식민지로 만들며 자원을 낭비할 가능성이 있는 탐욕스러운 문명, 서로를 향해 핵무기를 들이대고 있는 위험한 문명이 선진 기술에 접촉하는 것을 막기 위한 심사다. 호모사피엔스(지혜가 있는 사람)를 자칭하는 종족이 그 이름대로 지혜로운 존재가 될 수 있는지, 현재 심사 중인지도 모른다.

만약 인류가 은하 인터넷에 접속하기 위한 초대장과 기술 자료를 받을 수 있다면, 이는 인류를 어떻게 바꿔 나갈까?

은하 인터넷에는 수많은 문명이 수만 년에서 수억 년에 걸쳐 쌓아 올린 방대한 양의 과학, 수학, 기술, 철학, 예술, 그리고 사회 구조 관련 지식이 쌓여 있을 것이다. 양자 중력이론 등 오늘날 인류가 연구하고 있는 과학 문제의 답과, 리만 가설이나 P-NP 문제 등 풀지 못한 수학적인 난제의 답도 밝혀져 있을 것이다. 영혼, 자아, 의식, 자유의지 등 과학과 철학의 경계에 있는 문제도 이미 옛날에 해결했는지도 모른다. 자본주의도 사회주의도 아닌, 모든 사람에게 행복과 안정을 주는 우수한 경제체제가 존재할지도 모른다.

아마도 인류는 과학기술과 경제 분야에서 은하 문명에 거의 기여할 수 없겠지만, 문화와 예술 분야에서는 다를 수 있다. 과거에 일본이 통상 수교 거부 정책을 철폐한 후에 일본 미술이 모네와 고흐에게 커다란 영향을 미쳤듯이, 지구 미술이 은하의 전위 예술가에게 영감을 줄지도 모른다. 만약 탄수화물을 에너지원으로 삼는 외계인이 있다면, 지구 식량이 그들의 식탁 위에 오를지도 모른다. 만약 음악을 이해하는 문명이 있다면, 뉴올리언스 라

이브 공연장에서 그들이 여태까지 접해 본 적이 없는 코드 진행을 들어 볼지도 모른다.

만약 은하 문명과 연결되면, 인류는 호모에렉투스에서 호모사피엔스로 진화한 것보다 훨씬 더 폭발적이고 비연속적인 변화를 경험할 것이다. 이는 마치 베이징원인을 현대로 데려와서 인터넷을 쓰게 해 주는 것과 같을지도 모른다. 외계 문명과 처음으로 접촉한 날은 스푸트니크, 가가린, 아폴로 11호, 그리고 외계 생명체를 발견한 날 등과 함께 인류 역사에 영원히 기록될 것이다. 이는 이른바 인류의 성인식이다. 그리하여 호모사피엔스는 우주의 사람인 '호모 아스트로룸Homo Astrorum'으로 진화하는 것이다.

인류의 고정관념을 넘어선 비행

호모 아스트로룸은 어떤 식으로 우주를 여행할까?

외계인들은 정말로 UFO를 타고 다닐 수도 있다. 어쩌면 반중력 장치와 워프 항법과 파동 엔진은 이미 특허가 만료되어서, 기술 자료가 은하 인터넷에 공개되어 있을지도 모른다.

미래에는 인공 동면 기술이 완성되어 인류 수명이 대폭 늘어날지도 모른다. 그렇다면 굳이 서두를 필요가 없다. 산 채로 1000년이든 1만 년이든 항해할 수 있기 때문이다. 보이저 1호 정도의 속도라도 7만 5000년만 있으면 알파 켄타우리Alpha Centauri에 갈 수 있다.

하지만 때때로 나는 이런 생각을 한다. 어쩌면 우주선을 타고 우주를 이동한다는 발상 자체가 인류의 고정관념 아닐까?

우리 인류에게 '이동'이란 탈것을 이용해서 육체를 다른 장소로 옮긴다는 뜻이다. 하지만 인류보다 수만 년이나 앞선 외계인이 인류처럼 물리적인 이동을 하고 있을까? UFO에서 두 발로 걷는 외계인이 내려온다는 상상 자체가 현대 인류의 상식에 얽매인 것 아닐까?

예를 들어 나사 JPL과 마이크로소프트가 공동 개발한 '온사이트OnSight'라는 시스템이 있다. JPL이 가진 화성의 삼차원 데이터를 마이크로소프트의 홀로렌즈Microsoft HoloLens라고 하는 가상현실 안경을 통해 보여 줌으로써, 화성 탐사차 조종사는 가상현실 속에서 화성을 걸으면서 탐사차에 지시를 내릴 수 있다.

물론 현재 인류의 가상현실 기술은 아직 미숙하며, 오감 중 시각과 청각밖에 재현할 수 없다. 나도 온사이트를 써 본 적이 있

나사 JPL과 마이크로소프트가 공동개발한 온사이트.
헤드 마운트 디스플레이Head Mounted Display를 장착함으로써,
화성에서 '걸으면서' 탐사차에 지시를 내릴 수 있다. ©NASA/JPL-Caltech

다. 삼차원으로 재현한 화성 풍경을 보면서 걸을 수 있다는 사실에 흥분했지만, 홀로렌즈는 무겁고 시야는 좁으며 행동에 대한 반응이 없는 등 아직 부족한 점이 많았다.

미래에는 인간의 신경에 직접 신호를 흘려보냄으로써 오감을

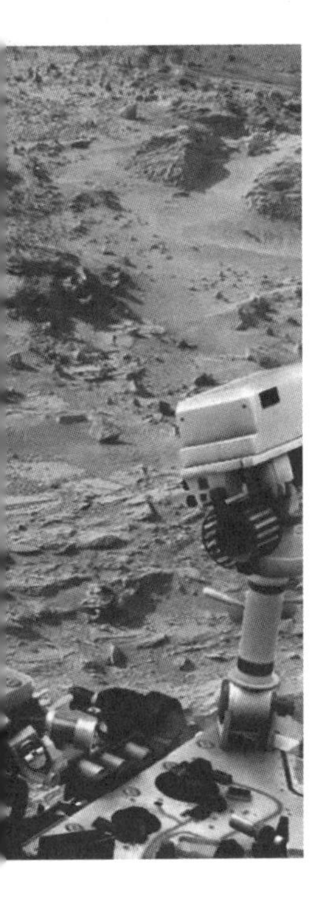

모두 충실하게 재현할 수 있을 것이다. 그러면 이제 수십 년이나 우주선을 타고 멀리 있는 행성으로 갈 필요가 없어질 것이다. 은하 인터넷을 통해 다른 세계의 사차원 모델(즉 시간에 따라 변화하는 삼차원 모델)을 내려받으면 되기 때문이다. 그러면 인류는 지구에 육체를 둔 채, 수백 광년에서 수천 광년 떨어진 세계를 탐사할 수 있다. 그저 삼차원 영상을 보기만 하는 것이 아니다. 다른 세계의 바람 소리를 듣고 꽃향기를 맡으며, 발바닥으로는 흙의 부드러운 감촉을 느낄 수 있을 것이다. 지질학자는 다른 세계의 계곡을 걸으며 돋보기로 지층을 세밀하게 관찰하고, 생물학자는 다른 세계의 기묘한 생물을 직접 손으로 만져 가며 연구할 수 있다. 설사 다른 세계의 대기와 방사선 환경이 지구와 달라도 문제없다. 다른 세계를 지구의 미생물로 오염시킬 위험도 없고, 역오염이 일어날 걱정도 없다.

우주선 없이 우리의 육체를 다른 세계로 '옮길' 방법도 있다. 은하 인터넷을 이용해 외계인에게 복제 인간을 만드는 방법과 유전정보를 보내 주면 된다. 내 유전정보가 담긴 전파는 빛의 속도로 우주를 날아갈 테고, 이를 수신한 외계인이 복제 인간을 만들 것이다. 그러면 나와 똑같은 유전자를 지닌 아기가 은하 저편에서 태어나는 것이다. 만약 내 뇌에 축적된 정보를 복제 인간의 뇌로 전송할 수 있다면, 나와 복제 인간은 완전히 똑같은 육체와 기억과 마음을 지니게 된다. 이는 내가 은하 너머로 '이동'한 것과 마찬가지다.

물론 이 아이디어에는 윤리적인 문제가 많다. 애초에 복제 인간은 오늘날 윤리적으로 허용하기 힘든 기술이고, 외계인에게 부탁해서 만들어 달라고 하기도 어려울 것이다. 또한 뇌의 신경 접속 상태를 모방한다고 정말로 인격과 의식과 주관까지 복제할 수 있냐는 의문도 있다. 즉, '자신이란 무엇인가'라는 대단히 오래된 철학 문제에 봉착한다.

과학기술은 시대의 가치관에 따라야 한다. 기술적으로 가능하다고 해서 뭐든지 해서는 절대 안 된다. 보이저가 창백한 푸른 점 사진을 통해 우리에게 가르쳐 주었듯이 과학기술이 아무리 발전해도 우리는 자연, 우주, 생명에 대해 항상 겸손해야 한다. 한편으로 가치관은 시대에 따라 바뀌기도 한다. 과거 일본에서는 여성이 후지산에 오르는 일이 금기였으며, 기독교 국가에서 동성애는 죄였다.

무엇이 허용되고 무엇이 허용되지 않는가? 어떻게 해야 문명은 자멸에 이르지 않을까? 어떻게 발전과 지속 가능성을 양립할 것인가? 어떻게 해야 지적 탐구심과 생명의 존엄이 공존할 수 있을까? 존재란 무엇인가? 존재 의의란 무엇인가? 우리는 어디로 향해야 하는가? 우리에게는 너무나 어려운 문제다. 어쩌면 호모 아스트로룸에게도 어려운 문제일지도 모른다. 하지만 분명 그들은 우리보다 조금이나마 더 지혜로울 것이다.

호모사피엔스 시절의 기억

수만 년 후에는 은하 문명의 일원이 된 인류가 새로운 동료를 맞이할 수 있을까?

그때 우리는 그들에게 무엇을 해 줄 수 있을까? 만약 그들이 자초한 기후변화와 핵전쟁 때문에 위기에 처해 있다면, 우리 인류는 과거 경험과 반성을 통해 유익한 조언을 할 수 있을까? 만약 그들 세계에서 거품경제가 붕괴 직전이라면, 우리는 이를 해결할 방법을 알려 줄 수 있을까? 과거에 수많은 잘못을 저지른 우리 문명이 그들에게 존경받을 만큼 성장할 수 있을까? 우리도 그저 다른 선진 문명을 배울 뿐만 아니라 장차 과학, 기술, 문화, 예술, 철학 등의 분야에서 은하 문명에 공헌할 수 있을까? 지구 음악은 은하의 공연장에 울려 퍼질 수 있을까?

호모 아스트로룸은 호모사피엔스 시절을 기억하고 있을까? 날개도 날카로운 이빨도 없는 무력한 원숭이가 은하 변방에 있는 평범한 항성의 세 번째 행성에서 태어나, 맹수들 사이에서 벌벌 떨다가 조심스럽게 숲을 떠나 오직 지성만을 무기로 삼으며 일곱 대륙으로 떠났던 시절이다. 낮에는 하늘을 올려다보며 새가 자유롭게 나는 모습을 동경하고, 밤에는 별을 바라보며 신들의 모습을 상상했던 시절이다. 보잘것없는 망원경으로 아주 약간의 광자를 모아, 흐릿하게 맺힌 상을 통해 먼 세계의 정보를 알아내려고 머리를 짜내던 시절이다. 바다를 동경하던 상상력 넘치는 남자가 다른 세계로 가는 여행을 소설로 쓰던 시절이다. 그 소설에 사로잡힌 이들이 실패를 되풀이하면서도 조금씩 하늘에 다가가던 옛 시절이다. 80킬로그램에 불과한 작은 금속 공이 지구 주위를 돌고, 공이 내는 소리에 전 세계가 흥분과 불안이 뒤섞인 감정에 휩싸였던 시절이다. 모양이 이상한 우주선을 타고 처음으로 지구 밖 세계를 방문하여, 한 남자가 회색 대지에 '작은 한 걸음'을 내디뎠던 시절이다. 처음으로 이웃에 있는 붉은 행성에 원시적인 탐사선을 보내서 사진을 찍고, 이를 색연필로 그려 냈던 시절이다. 다양한 세계에 작은 탐사선을 보내서, 실패를 되풀이하면서도 조금씩 무지를 극복해 가던 시절이다. 화성의 말라 버린 호수 바닥과 유로파의 눈 속에서 처음으로 생명의 흔적을 찾아내, 우주에서 인류는 고독한 존재가 아니라는 사실을 깨닫고 기뻐하던 시절이다. 태양계 끝에서 지구를 되돌아보며 찍은 1픽셀도 되지 않는 '창백한 푸른 점' 사진을 보고 자신들의 오만함을 반성하던 시절이다. 그리고 자신들에게 닥친 위기를 처음으로 인식하고, 전 인류가 손을 맞잡으며 해결책을 찾기 시작했던 시절이다.

모두 다 기억하고 있을 것이다. 모든 일이 다 호모 아스트로룸 역사서에 기록되어 있을 것이다. 그리고 그들은 인류의 발자취를 되돌아보며, 쥘 베른의 말을 되새길 것이다.

"사람이 상상할 수 있는 것은 모두 실현할 수 있다."

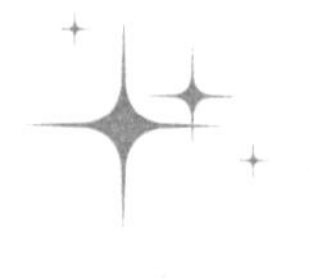

에필로그

우리는 아주 먼 길을 여행해 왔다.

150년 전 쥘 베른이 상상한 여행으로 시작해서 우리는 폰 브라운과 코롤료프가 악마의 힘을 이용하여 우주 비행의 꿈을 실현한 장면을 목격했고, 닐 암스트롱이 내디딘 '작은 한 걸음' 뒤에 숨어 있던 그리 유명하지 않은 기술자 들의 활약을 가까이에서 지켜봤으며, '그곳에 무언가가 있는 걸까? 무엇이 있을까?'라는 호기심에 사로잡힌 과학자와 기술자 들이 워싱턴의 지시를 거역하고 보이저를 해왕성까지 보냄으로써 인류의 우주관을 바꾸는 모습을 살펴봤다.

그뿐만 아니라 우리의 여행은 미래로도 이어졌다. 외계 생명체를 발견함으로써 '우리는 누구인가? 어디서 왔는가? 우리는 고독한가?'라는 유사 이전부터 있었던 매우 깊은 철학적 의문에 다가서는 수십 년 후의 미래를 상상했고, 우리가 초래한 위기를 지혜롭게 극복하고 외계 문명과 첫 만남을 이루어 호모 아스트로룸으로서 은하 문명의 일원이 된 1000년 후, 1만 년 후의 미래를 엿보았다.

이 여행에서 내가 가장 전하고 싶었던 내용이 무엇인지, 독자 여러분은 이미 잘 알고 있을 것이다.

바로 상상력의 힘이다.

우주개발뿐만 아니라 온갖 과학기술은 그저 방정식을 푼다거나, 망원경과 현미경을 들여다본다거나, 도면을 그린다거나, 프로그램을 쓰기만 하면 앞으로 나아갈 수 있는 것은 아니다. 비유하자면 자동차 부품과 같다. 바퀴와 엔진이 스스로 어디론가 달려가지는 않는다. 남쪽으로 가겠다는 운전자가 의지가 있어야 비로소 자동차는 남쪽으로 달릴 수 있다. 이 의지가 바로 상상력이다.

어쩌면 현대는 사람들이 상상력을 발휘할 만한 여유가 없는 시대인지도 모른다. 오늘날에는 TV와 인터넷과 스마트폰이 쉴 새 없이 정보를 뱉어 내고 있다. 우리가 스스로 생각하지 않아도 생활공간 구석구석까지 정보가 가득 차 있다. 여행지에서 보내는 조용한 밤이나, 약속 장소에서 연인을 기다리는 동안에도 스마트폰은 우리를 정보의 사슬로 꽁꽁 묶어서 상상력을 발휘할 자유를 빼앗는다.

만약 맑은 날 밤에 산책할 기회가 있다거나 퇴근길에 버스를 놓쳐서 정류장에서 기다려야 한다면 스마트폰을 주머니에 집어넣고 밤하늘을 올려다보기 바란다. 분명 그곳에서 반짝이고 있을 것이다. 먼 옛날부터 상상력의 근원이었던 옅게 빛나는 별들이, 매일 모양이 바뀌는 은색 달이, 별들 사이를 떠도는 행성들이 빛나고 있다. 운이 좋다면 별똥별을 볼 수도 있고, 인공위성과 국제우주정거장을 볼지도 모른다.

상상해 보자. 그 아름다운 하늘에, 은하수 속에 천억 개나 되는 세계가 있다는 사실을.

상상해 보자. 수많은 세계에서 구름이 뜨고 비가 내리며 강이 바다로 흐르는 모습을.

상상해 보자. 그 세계에서 자라는 신기한 모양의 식물과 땅을 기어 다니는 기묘한 짐승을.

상상해 보자. 그 세계에 태어난 호기심과 상상력이 넘치는 지성을.

그들은 어떤 언어를 사용할까?

그들은 어떤 지식을 가지고 있을까?

그들에게는 어떤 철학이 있을까?

그들은 어떤 노래를 부를까?

그들은 무엇을 아름답다고 생각하며, 무엇을 사랑스럽게 느낄까?

그리고 상상해 보자. 그들 세계의 밤하늘에 펼쳐진 수많은 별들을. 그 수많은 별 중 어딘가에 태양계가 있다.

상상해 보자. 그들이 우리와 마찬가지로 밤하늘을 올려다보며 상상하는 모습을.

상상해 보자. 그들이 무엇을 상상할지.

참고 문헌

처음 등장하는 장을 기준으로 적었다.

제1장

David A. Clary, *Rocket Man: Robert H. Goddard and the Birth of the Space Age*, Hachette Books, 2003.

Herbert R. Lottman, *Jules Verne: An Exploratory Biography*, St. Martin's Press, 1997.

James Harford, *Korolev: How One Man Masterminded the Soviet Drive to Beat America to the Moon*, New York: Wiley, 1999.

Jonathan Allday, *Apollo in Perspective: Spaceflight Then and Now*, CRC Press, 1999.

Matthew Brzezinski, *Red Moon Rising: Sputnik and the Hidden Rivals That Ignited the Space Age*, Times Books, 2007.

Michael Neufeld, *Von Braun: Dreamer of Space, Engineer of War*,

Vintage, 2008.

제2장

Andrew Chaikin, *A Man on the Moon: The Voyages of the Apollo Astronauts*, Penguin Books, 2007.

Charles Murray, *Apollo: The Race to the Moon*, Simon & Schuster, 1989.

David A. Mindell, *Digital Apollo: Human and Machine in Spaceflight*, MIT Press, 2011.

NASA, Apollo communication transcripts.(https://www.jsc.nasa.gov/history/mission_trans/mission_transcripts.htm)

제3장

Carl Sagan, *Cosmos*, Random House, 1980.

Carl Sagan, *Pale Blue Dot: A Vision of the Human Future in Space*, Ballantine Books, 1997.

Claudia Alexander, Robert Carlson, Guy Consolmagno, Ronald Greeley and David Morrison, "The Exploration History of Europa," in Robert Pappalardo, William McKinnon and K. Khurana(eds.),

Europa, University of Arizona Press, 2009.

David W. Swift, *Voyager Tales: Personal Views of the Grand Tour*, AIAA, 1997.

Jim Bell, *The Interstellar Age: The Story of the NASA Men and Women Who Flew the Forty-Year Voyager Mission*, Dutton, 2016.

제4장

Chris P. McKay, "What Is Life—and How Do We Search for It in Other Worlds?" *PLoS Biology* 2(9): e302, 2004.

Jared Diamond, *Guns, Germs, and Steel: The Fates of Human Societies*, W. W. Norton & Company, 2017.

堀川大樹, 『クマムシ博士の「最強生物」学講座: 私が愛した生きものたち』, 新潮社, 2013.

福岡伸一, 『生物と無生物のあいだ』, 講談社現代新書, 2007.

제5장

Lee Billings, *Five Billion Years of Solitude: The Search for Life Among the Stars*, Current, 2013.

그밖에 영감을 준 책들

Arthur C. Clarke, *Childhood's End*, Del Rey, 1953.

Carl Sagan, *Contact*, Orbit, 1985.

Yuval Noah Harari, *Homo Deus: A Brief History of Tomorrow*, Harvill Secker, 2015.

ゲーテ, 相良守峯 訳,『ファウスト』, 岩波文庫.

ジュール·ベルヌ, 鈴木力衛 訳,『月世界旅行』, 集英社コンパクトブックス, 2008.

감사의 말

완성하는 데 2년이나 걸리고 말았다. 끈기 있게 나를 도와준 SB크리에이티브의 사카구치 소이치坂口惣一, 코르크의 나카야마 유히仲山優姫, 사토지마 요헤이佐渡島庸平 씨에게 진심으로 감사의 말씀을 드린다. 만화가인 유키 다카노리結城貴紀 씨는 근사한 삽화를 그려 주셨다. 코르크의 시가 유키히로志賀遊大, 고무로 겐키小室元気, 도하타 아야코遠畑絢子, 우에하라 아즈사上原梓 씨에게도 많은 도움을 받았다. 이브의 상상도를 그려 주신 제시 카와타Jessie Kawata 씨에게도 감사의 말씀을 드린다.

이 책 집필과 이 책의 바탕이 된 웹 연재에 전문적인 조언을 해 주신 호리카와 다이키堀川大樹, 나카지마 미키中島美紀, 후지시마 고스케藤島皓介, 마쓰우라 신야松浦晋也, 하카마다 다케시袴田武史, 사토 미노루佐藤実, 다카하시 유지高橋雄宇 씨에게도 깊은 감사의 말씀을 올린다. 전 책부터 온 가족이 응원해 주신 우메자키 가오루梅﨑薫, 우메

자키 소梅﨑創, 우메자키 아이루梅﨑瑛流, 우메자키 유루梅﨑湧琉, 독자 시점에서 조언을 주신 나카스지 미사中筋美佐, 나카스지 아야카中筋絢香, 가토 나루미加藤成美, 기리 시오리桐志織, 스즈키 사치코鈴木佐智子, 도가와 카즈코外川和子, 도가와 가에데外川楓, 오쿠노 분시로奥野文司郎, 스즈키 아사코鈴木麻子, 스즈키 리리카鈴木梨々花, 니시 카오리西香織, 스나가 유다이須永祐大, 다에다 마사히로田枝正寛, 시라이 히로아키白井宏明, 후타가미 다카오二上貴夫, 오타 유스케太田悠介, 오가와 히로시小川洋史, 가사하라 한나笠原はんな, 세키구치 데쓰야関口徹也さん, 미시마치 요시코ミツマチヨシコ, 오다 마사유키小田昌幸, 히라야마 류이치平山龍一, 이마무라 도시오今村俊雄 씨, 그리고 독자 그룹 '우주선 피쿼드宇宙船ピークオッド'의 선원 등 여러분의 힘이 없었으면 이 책은 완성하지 못했을 것이다.

그리고 주말에도 집필하느라 바쁜 남편을 이해하고 도와준 아내에게 가장 큰 감사를 표한다. 내 딸 미사키美咲야, 많이 못 놀아 줘서 미안해. 앞으로는 많이 놀자.

이 책을 미사키에게 바친다. 네가 살아갈 세상이, 지금보다 더 좋은 세상이었으면 좋겠다.

호모 아스트로룸

1판 1쇄 인쇄 2019년 4월 23일
1판 1쇄 발행 2019년 5월 2일

지은이 오노 마사히로
옮긴이 이인호
펴낸이 김영곤
펴낸곳 아르테

책임편집 김지은 **인문교양팀** 장미희 전민지 박병익 **교정** 박서운 **디자인** 정은경디자인
미디어사업본부 본부장 신우섭 **마케팅** 김한성 **영업** 권장규 오서영
해외기획 임세은 장수연 이윤경 **제작** 이영민 권경민

출판등록 2000년 5월 6일 제406-2003-061호
주소 (우 10881) 경기도 파주시 회동길 201(문발동)
대표전화 031-955-2100 **팩스** 031-955-2151 **이메일** book21@book21.co.kr

ISBN 978-89-509-8042-9 03400

아르테는 (주)북이십일의 문학·교양 브랜드입니다.

(주)북이십일 경계를 허무는 콘텐츠 리더

1, 2_화성에서 보이는 석양은 파랗다. 푸른 해가 지고 난 후에 서쪽 하늘에서 반짝이는 파란 이등성이 지구다. ©NASA/JPL-Caltech/MSSS/Texas A&M Univ

3_고흐의 그림 <별이 빛나는 밤>처럼 보이는 목성의 소용돌이. ©NASA/JPL-Caltech

4_토성의 위성 엔켈라두스에서 뿜어져 나오는 수증기. 이 얼음으로 뒤덮인 세계의 지하에는 액체 상태인 물로 가득한 바다가 있다. 나사의 외계 생명체 탐사 대상 중 하나다. ©NASA/JPL-Caltech

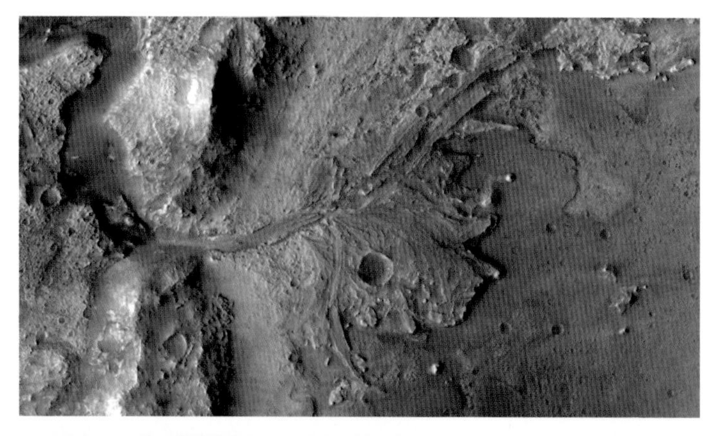

위_화성에 있는 예제로 크레이터는 한때 호수였다. 강 두 개가 흘러들어 와 생긴, 하구의 삼각주가 아직 남아 있다. 2020년에 발사 예정인 나사의 화성탐사 로봇이 착륙할 후보지 중 하나다. 이곳에 화성 생명체의 증거가 남아 있을까? (사진 속 색깔은 암석의 조성을 나타낸다.) NASA/JPL-Caltech/JHU APL/MSSS/Brown University

아래_토성에서 바라본 지구. ©NASA/JPL-Caltech